科技@你生活

阿孜古丽·吾拉木　张德政　编著

清华大学出版社
北京

内 容 简 介

本书主要对智能交通、智能生活、互联信息、节能减排、应急避险等领域的新科学技术进行普及。图书用生动形象、通俗易懂的语言,从科学技术本身、科学技术的行业应用范畴及科学技术在具体项目的实际应用三个维度对最新的科技成果及科技项目进行介绍,旨在将复杂、抽象的科技知识面向群众进行传播,进一步提升科技成果的普及力度和市民的科学技术应用能力,达到提高全民科技文化素养的目的。

图书在版编目(CIP)数据

科技@你生活/阿孜古丽·吾拉木,张德政编著. --北京:清华大学出版社,2016
ISBN 978-7-302-43477-1

Ⅰ.①科…　Ⅱ.①阿…②张…　Ⅲ.①科技成果—汇编—北京市　Ⅳ.①N121

中国版本图书馆 CIP 数据核字(2016)第 078284 号

责任编辑:袁勤勇
封面设计:常雪影
责任校对:焦丽丽
责任印制:沈　露

出版发行:清华大学出版社
　　　　网　　　址:http://www.tup.com.cn,http://www.wqbook.com
　　　　地　　　址:北京清华大学学研大厦 A 座　　　　　　**邮　　编:**100084
　　　　社 总 机:010-62770175　　　　　　　　　　　　　　**邮　　购:**010-62786544
　　　　投稿与读者服务:010-62776969,c-service@tup.tsinghua.edu.cn
　　　　质量反馈:010-62772015,zhiliang@tup.tsinghua.edu.cn
　　　　课件下载:http://www.tup.com.cn,010-62795954
印 装 者:北京亿浓世纪彩色印刷有限公司
经　　销:全国新华书店
开　　本:185mm×230mm　　　　　　**印　张:**8.75　　　　**字　　数:**122 千字
版　　次:2016 年 6 月第 1 版　　　　　　　　　　　　　**印　　次:**2016 年 6 月第 1 次印刷
印　　数:1~3000
定　　价:39.50 元

产品编号:068653-01

前　　言

　　本书主要以北京市 2014、2015 年科技周活动展出的科技成果和北京市科学技术委员会支持的重大科技项目成果为素材，通过科学合理的组织，对涉及的关键技术、难以理解的科学术语等内容通过通俗有趣的文字、图画的形式展现，达到科技与文化相融合，实现科普知识的推广与应用。

　　全书共分为 5 个单元，内容主要涉及新能源、三维扫描、节能技术、人工智能、电子、移动终端、物联网、云计算、空气净化等方面。第一单元为智能交通，讲述的是当代科技与城市交通的智能融合，涉及导航地图、磁悬浮列车、新能源车联网、智能公交和电乘车。第二单元为智能生活，关注时下与生活息息相关的科技，涉及居家养老、食品安全、智能温室、物联网和智能家居。第三单元为互联信息，把握互联时代的信息技术，涉及三维扫描、数据存储、量子计算机、云技术和智慧制造。第四单元为节能减排，介绍了如今最新的节能减排新科技，涉及节能采暖、净化空气、提纯沼气和智能照明。第五单元为应急避险，面对突发危险的新型应急措施，涉及新型逃生装备。

　　本书主要面向大众进行最新科学知识传播，进一步加强科技周科技成果的普及力度，同时培育广大青少年科学志向和科学理想，启迪科学思想，使本书成为科学研究和技术发明成果推广应用的重要桥梁和媒介，用科技创新托起伟大的"中国梦"。

　　此外，参与本书编写的还有吕文浩、刘靓钰、李雅婷、付薇薇等作者。

作　者

2016 年 3 月

目　　录

第一单元　智能交通

导航地图——再也不会迷路

　　如今，自驾游已从一种趋势变成一种潮流。每到节假日，自驾游爱好者纷纷驾驶汽车，涌向一个个陌生的地方，来一场"说走就走的旅行"。然而，到一个陌生的地方旅游绝不是一件容易的事，那么，到底是什么给了广大自驾游爱好者如此大的信心呢？

卫星

坐标显示

接收器

　　看完上面的图文，聪明的你想必已经猜到了笔者要说什么，没错，就是导航地图，正是有了它，我们再也不会迷路。

　　其实早在石器时代，人类就发现，利用石头山就能实现大片区域内的导航。借助由石头山组成的环形标记，使他们能够在很远的地方凭借参照物找到自己想要去的目的地。通过这种简单的导航系统，当时的居民可以不借助任何道具，光凭自己的肉眼就能从地点 A 到地点 B，精确度可以达到 100 米左右，是不是很神奇呢？而如今的导航系统与上面的石山围成的导航工具，也有一点相似。它是通过多颗卫星的信号计算距离差值，从而推算出使用者的精确位置。

那么，什么是导航呢？导航就是引导某一设备从指定航线的一点运动到另一点的方法。

导航一般分为两类：一类是自主式导航，用于飞行器或船舶上的设备导航，有惯性导航、多普勒导航和天文导航等；另一类是非自主式导航，用于飞行器、船舶、汽车等交通设备与有关的地面或空中设备相配合导航，有无线电导航、卫星导航。在军事上，还要配合完成武器投射、侦察、巡逻、反潜和援救等任务。

目前，中国发展得如此迅速，科技也在不断地创新，导航地图已经成为指引用户最佳的导航"老师"。无论旅游还是寻找目的地，都缺少不了地图的导航。不过，未来导航地图将会是什么？我们不妨大胆地假想一下。

据现在统计，手机导航地图是用户最经常使用的。而在中国智能手

知识小助手

GPS 系统——

GPS 是 Global Positioning System（全球定位系统）的简称，是在全球范围内实时进行定位、导航的系统，它具有全天候、全球覆盖、三维定速定时高精度、快速省时高效率、应用广泛多功能五个特点。它分为三个部分：空间部分——由24颗卫星组成，位于距地表 20 200 千米的上空，运行周期为 12 小时，卫星均匀分布在 6 个轨道面上，使全球任何地方、任何时间都可观测到 4 颗以上的卫星；地面控制系统——由监测站、主控制站、地面天线所组成，地面控制站负责收集由卫星传回来的信息，并计算各种数据，以实现定位；用户装置部分——GPS 接收机。

机网民使用的移动互联网应用中，手机地图/导航是渗透率提升最快的应用。从 2010 年的 21.9% 增长到 2011 年的 56.9%，增幅达 35%。如此巨大的增幅，可以看出这些应用给用户带来了很多的方便。未来，手机导航地图也许会成为主流，为用户大量使用并得到高度评价。

根据最常见也是最常使用的情况，我们把导航地图分为车载导航地图和手持智能终端的导航地图。下面，我们先来介绍第一种车载导航地图，如图 1-1 所示。

前方100米进入×××大道请减速行驶

图 1-1　车载导航

　　我们都知道车载导航的核心功能，没错，就是它的导航功能。无论你的车走到哪里，你都可以通过导航系统，精确地知道你所在的位置。正是基于这种定位的精确性，车载导航仪才能实时地分析和提示我们下一步该前进的方向。那么，我们不禁好奇，这样神奇的功能到底是怎么实现的？

　　追溯根源，车载导航仪最初恐怕要追溯到1958年美国研制的子午仪卫星定位系统，它其实就是GPS的前身，是美国军方的一个项目，当时仅由5到6颗卫星进行星网工作，无法给出高度信息，定位精度更无从谈起。但这一项目验证了由卫星系统进行定位的可行性，为GPS的研制做了铺垫。

　　由于子午仪系统存在着种种不足和缺陷，因此美国海军研究实验室提出了名为Tinmation的全球定位网技术，并在1967年、1969年和1974年各发射一颗试验卫星，奠定了GPS精确定位的基础。而之后伪随机码成功运用于传播卫星测距信号，也为GPS系统的研究奠定了基础。最终GPS于1994年建成，一步步从军用发展到可以民用，它的结构如图1-2所示，最终在车载导航仪出现后得以普及。

　　也就是说，车载导航地图是完全基于GPS系统的。虽然车载导航看起来也就一两个手掌那么大，但它所依托的GPS系统却是一个非常庞大的系统。对于车载导航系统，自然指的就是其中的GPS信号接收器。当接收器捕获跟踪的卫星信号后，就可测量出接收天线至卫星的伪距离和距离的变化率，解调

5

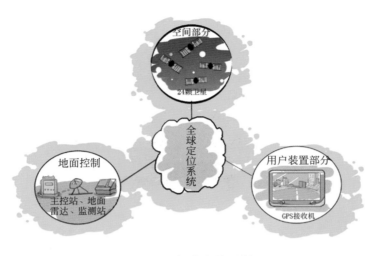

图 1-2　全球定位系统

出卫星轨道参数等数据。根据这些数据，接收器中的微处理计算机就可按定位解算方法进行定位计算，计算出用户所在地理位置的经纬度、高度、速度、时间等信息。

正因如此，车载导航地图（如图 1-3 所示）才能进行准确的定位，而它的其他一切功能都是依托于定位功能的，足以看出定位的重要性！

图 1-3　车载导航系统

伴随着车载导航的全面普及，现在去任何一个陌生的地方都不再是问题，而其稳定的性能和准确的定位，也让人们越来越信任车载导航的定位，以至于发生了一些啼笑皆非的事故。要知道 GPS 只能定位全球大约 95％的地区，但有很多人都不知道这一事实，或者觉得自己不可能踩进那 5％的雷区。于是，就有三位在澳大利亚旅游的日本游客，本着对车载导航的无限信任，成功地将车开到了海里。说到这里，笔者不禁还是要提醒各位朋友，平时多看些科普类读物还是非常有必要的！

现如今中国在大力发展构建智慧城市，而车载导航地图可以说是智慧城市实现过程中不可或缺的组成部分。有了它，我们在自驾出游时不用再害怕迷路；有了它，我们在上下班交通拥堵的时候也可以获取最佳路线，规避拥堵；真正实现了交通的智能化。

下面再来讲讲手持智能终端的导航地图。想必大家对这个不是很陌生，现在这种 APP 可是不少呢！只要下载一个地图应用在手机上，用的时候拿出手机，打开应用，就可以实现定位，获取我们所在的位置，真的是十分方便快捷！

所谓的地图应用，不仅仅局限于手机地图，还可以通过互联网将谷歌地图、百度地图等地图应用下载到平板电脑、iPad 等各种手持智能终端中，如图 1-4 和图 1-5 所示。过去我们在去一个地方旅游之前，都需要把地图研究明白，问一问去过的人，了解一下怎么走。因为纸质地图受纸张大小等原因的限

图 1-4　电子地图的应用

制,往往不能详尽地描述出每一条路的细枝末节,而且纸质地图还对个人的方向感、查询信息能力有一定的要求。相信很多人身边都会有那么一群人,拿着地图也找不到方向和自己的位置。现在有了这种手持智能终端的电子地图,摆脱了原来纸质地图不详细、难查找的弊病。即使不联网也可以查看下载到本地的地图,如果联网,那功能就更加强大了。联网后我们可以通过它查询自己的当前位置,从 A 地到 B 地怎么走,还可以实时更新路况,知道现在哪条路比较堵,哪条路很畅通。

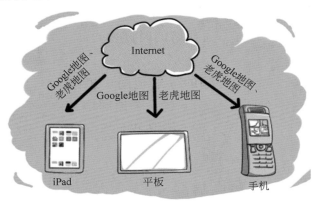

图 1-5　手持智能终端的导航地图

如果你看着单调的道路密密麻麻像蜘蛛网一样的平面地图找不到方向感,分不清哪儿是哪儿,导航地图可以以三维视角彩色展现,也可以用语音告诉你该怎么走,哪里该直走,哪里该转弯,这样你还会担心找不到你的目的地吗?

不仅如此,现在的地图应用扩展了很多功能,已经不仅仅局限于查找位置,查询路线了。它可以帮你搜索周边信息,你饿了会告诉你附近哪里有饭馆,想唱歌了会告诉你哪里有 KTV,生病了告诉你哪里有医院,车开着开着没油了告诉你最近的加油站在哪里,想去旅游告诉你哪里有什么值得一看的旅游景点,甚至是你大半夜的在外面打不到车了,都可以通过它让附近的出租车过来接你。当你亲自去使用它时(如图 1-6 所示),就会真正感受到它的功能,真的十分强大!

太好了，再也不用看这让人头大的地图了。

图 1-6　地图应用的优势

　　说到这里，也许你已经想到了我们平时使用的导航还能进行语音导航，可以说开发商处处在考虑用户体验，为不同年龄层的人群的使用都提供了便利。但其实它还存在一定的弊端。对于语音导航，最典型的例子就是苹果手机发布的 Siri，虽然很方便，但是还是不成熟，尤其在中国市场，不能得到很好的满足。追究其原因，是因为中国的汉语中的字节还有词义存在多种不同的意思以及很多地区都有方言，要攻克这个难关，仍还需要很长时间的研发。另外用户传达指示给导航，而导航根据模糊指示会做出回应，回应是没问题，关键在于传达的指示很难是正确的。

　　通过这么多的介绍，我们不得不承认，不管是车载导航地图还是手持智能终端的电子地图，都在不断地兴起并飞速发展，而且功能越来越丰富。它们改变着我们的生活，给我们的生活带来了许多便利，不得不说，我们的生活越来越离不开这些科技发明了！

　　最后再让我们来猜想一下导航地图不可完成的使命：还有一些用户不分东南西北，地图导航就像实际人的存在，意念中引导你走向所需要的地方。或者利用互联网，可以在地图查找到你朋友的准确位置和你的相应位置。从地图导航中，知道双方最佳相遇的路线等。这一切的地图导航会慢慢走进人们的生活，为人们提供更佳、更便捷、更棒的服务！

奇妙之旅——中低速磁悬浮列车

　　你坐过磁悬浮列车吗？也许你在坐的时候感叹过这种无噪音、无须车轮的列车速度非常快！也许你疑惑过磁悬浮到底是什么？其实，磁悬浮列车不仅有高速，还有中低速。那么，我们一起去看看什么是中低速磁悬浮列车吧！

　　大家一定在很早以前就听说过上海的磁悬浮列车，20 世纪 70 年代以后，随着世界工业化国家经济实力的不断加强，为提高交通运输能力以适应其经济发展，建立了世界上第一条磁悬浮列车示范运营线——上海磁悬浮列车。上海磁悬浮列车专线西起上海轨道交通 2 号线龙阳路站，东至上海浦东国际机场，专线全长 29.863 千米，是由中德两国合作开发的。2001 年 3 月 1 日在浦东挖下第一铲，2002 年 12 月 31 日全线试运行，2003 年 1 月 4 日正式开始商业运营。全程三十多千米只需 8 分钟，是世界上第一条商业运营的磁悬浮专线。上海磁悬浮列车是"常导磁吸型"（简称"常导型"）磁悬浮列车。利用"异极相吸"原理设计，是一种吸力悬浮系统，利用安装在列车两侧转向架上的悬浮电磁铁和铺设在轨道上的磁铁，在磁场作用下产生的排斥力使车辆浮起来（利用同名磁极相互排斥的原理）。怎么样？是不是很不可思议！不过，磁悬浮列车可不止这些奇妙之处。一般认为，高速磁悬浮适合远距离交通，中低速磁悬浮适合近距离交通。在这里，我们主要介绍的就是中低速磁悬浮列车。

中低速磁悬浮是我们国家具有自主知识产权的新技术，也是城市轨道交通中最先进的技术。它可具有不少优点呢！比如环保、安全性高、爬坡能力强、转弯半径小、建设成本低等。它适用于城市市区、近距离城市间和旅游景区的交通连接，可以替代我们平时乘坐的轻轨和地铁。那么，到底什么是磁悬浮呢？

图 1-7　磁悬浮技术

磁悬浮，如图 1-7 所示，是利用悬浮磁力使物体处于一个无摩擦、无接触悬浮的平衡状态，磁悬浮看起来简单，但是具体悬浮特性的实现却经历了一个漫长的岁月。磁悬浮技术原理是集电磁学、电子技术、控制工程、信号处理、机械学、动力学为一体的典型的机电一体化高新技术。伴随着电子技术、控制工程、信号处理元器件、电磁理论及新型电磁材料的发展和转子动力学的进一步的研究，磁悬浮随之解开了其神秘的一面。

磁悬浮技术其原理是将一个金属样品放置在通有高频电流的线圈上时，高频电磁场会在金属材料表面产生一高频涡流，这一高频涡流与外磁场相互作用，使金属样品受到一个洛伦兹力的作用。在合适的空间配制下，可使洛伦兹力的方向与重力方向相反，通过改变高频源的功率使电磁力与重力相等，即可

知识小助手

磁悬浮的其他应用——

磁悬浮技术不仅可以利用在磁悬浮列车上，还可以利用它制作工艺品、玩具。比如磁悬浮台灯，它非常轻，通电后电磁铁和线圈会产生互斥的磁力，上层灯罩可以悬浮，LED 灯则安装在磁浮底座的圆周上，所以灯光不会被黑色的外皮挡住，远远看上去就像魔术般神奇。还可以运用到车库建设中建成磁悬浮立体车库，能缓解城区停车难的问题。

实现电磁悬浮。一般通过线圈的交变电流频率为 $104\sim105\,Hz$。

同时，金属上的涡流所产生的焦耳热可以使金属熔化，从而达到无容器熔炼金属的目的。目前，在空间材料的研究领域，EML 技术在微重力、无容器环境下晶体生长、固化、成核及深过冷问题的研究中发挥了重要的作用。

目前世界上有三种类型的磁悬浮：一是以德国为代表的常导电式磁悬浮，二是以日本为代表的超导电动磁悬浮，这两种磁悬浮都需要用电力来产生磁悬浮动力。而第三种，就是中国的永磁悬浮，它利用特殊的永磁材料，不需要任何其他动力支持。

图 1-8　磁悬浮地球仪

现如今，磁悬浮的应用可以说是越来越多。大家听说过磁悬浮地球仪吗？如图 1-8 所示，与普通地球仪不同，它无须转轴穿过球体便可悬浮于空中，更加生动真实地展现了地球在太空中的形态。磁悬浮地球仪是学生们学习地理知识、认知世界的一款好产品，寓教于乐，并可增加学生对于电、磁及能量形式转换的兴趣和对科学知识的兴趣。磁悬浮工艺品质量稳定，电源分离式设计，充分保证使用的安全。所有材料均符合环保要求，通电情况下不会产生任何异味，不会产生对人体有害的气体。磁悬浮工艺品在出厂前均经过连续 48 小时发光自转测试，质量件件都有保证。电路采用分离式设计，输入电压为 12 伏，非常安全并节能。有限流过载保护，充分保证使用安全；内置速度传感器，可自动控制旋转状态及速度，电源及安全性都有国际电工 CE 安全认证。

还有高速磁悬浮电机和磁悬浮轴承。高速磁悬浮电机是集磁悬浮轴承和电动机于一体，具有直悬浮和自驱动的威力，且具有体积小、临界转速高等共性。自 20 世纪 90 年代中期开始对其进行研究，相继开发了永磁同步型磁悬浮电机、开关磁阻型磁悬浮电机、感受型磁悬浮电机等各种结构。磁悬浮电机的研究愈来愈受到重视，例如，在磁悬浮电机独霸的生命科学领域，已研制出了离心式磁悬浮人工心脏泵，它轴颈大而轴向短，整体体积大、转速低,不仅加工难度小,而且可以有效地防止血细胞被破坏,减少溶血、凝血和血栓等问题。

　　磁悬浮轴承技术是目前世界上公认的高新技术之一。主动控制磁悬浮轴承(简称主动磁轴承,AMB),如图 1-9 所示,是利用可控磁场力提供无接触支撑、使转子稳定悬浮于空间且其动力学性能由控制系统调节的一种新型高性能轴承,是一种典型的机电一体化产品,它的研究涉及机械学、电磁学、电子学、转子动力学、控制理论和计算机科学,将作为

图 1-9　磁悬浮轴承

滚动轴承、滑动轴承和空气轴承等传统机械轴承的更新换代产品,成为 21 世纪最有发展前途的主导轴承之一。与传统的滚珠轴承、滑动轴承以及油膜轴承相比,磁轴承不存在机械接触,转子可以运行到很高的转速,具有机械磨损小、能耗低、噪声小、寿命长、无须润滑、无油污染等优点,特别适用于高速、真空、超净等特殊环境中。磁悬浮事实上只是一种辅助功能,并非是独立的轴承形式,具体应用还要配合其他的轴承形式,例如:磁悬浮+滚珠轴承、磁悬浮+含油轴承、磁悬浮+汽化轴承等。

　　除此之外,还有一个大家很熟悉的应用就是磁悬浮列车了,如图 1-10 所

图 1-10　磁悬浮列车

示,它也是靠磁悬浮力,也就是我们一般常说的"同极相斥、异极相吸"原理来推动的列车。它通过车上的悬浮电磁铁和铺设在轨道上的磁铁,在磁场作用下产生排斥力使车辆"浮"起来。也正是因为它是悬浮在空中的,和我们平时行驶要接触地面的车不同,所以它只受来自空气的阻力。这或许就是它最独特的地方!随着电子元件的集成化以及控制理论和转子动力学的发展,经过多年的研究工作,国内外对该项技术的研究都取得了很大的进展。但是不论是在理论还是在产品化的过程中,该项技术都存在很多的难题,而磁悬浮列车的技术难题就是悬浮与推进以及一套复杂的控制系统,它的实现需要运用电子技术、电磁器件、直线电机、机械结构、计算机、材料以及系统分析等方面的高科技成果。需要攻关的是组成系统的技术和实现工程化。

对于中低速磁悬浮列车,目前中国正在积极研制。这种列车为 3 辆编组模式,由两辆结构相同的端车和一辆中间车组成,运行时速为 100～120 千米,首尾车定员为每辆 100 人,中间车为 120 人,使用寿命在 25 年以上。该车采用铝合金车体、宽幅车身,供电电压由直流 750 伏提高到直流 1500 伏,噪音低、无辐射、运行安全可靠。现在,中国最具代表性的应该就属中低速磁悬浮交通示范线——北京门头沟线(S1 线),于 2010 年 10 月动工,作为北京地铁 6 号线的西延,连接通州和门头沟,全线长近 20 千米,行车最高时速 100 千米左右,每千米投资超过 6 亿元人民币。2014 年 10 月 28 日,我国的两大轨道交通制造集团在第十二届中国国际现代化铁路技术装备展上同时亮相了多种新车型,其中就有"玲龙号"常导中低速磁浮列车。它与城市轨道交通和铁路干线无缝链接的城际快轨列车、耐高寒、抗风沙动车组纷纷亮相展台。除此之外,长沙正在建设国内首条中低速磁浮商业运营示范线路,并预计 2015 年 12 月试运行,2016 年市民就有望坐上"高大上"的磁浮列车,如图 1-11 所示。届时,从黄花机场到长沙火车南站只需十多分钟。线路全长约 18.55 千米,全程高架铺设。长沙磁浮快线采用常导电磁铁悬浮、直线感应电机牵引,采用 3 节编组,车体蓝白相间,设计最高速度为每小时 100 千米,每列最大载客量 363 人。目前,该列车正在紧张的调试中。

介绍到这里,想必大家对磁悬浮技术以及中低速磁悬浮列车已经有了一定的了解。它的能效接近地铁,成本却只有地铁的三分之一,而且节能、噪音小。相信它会在城市轨道交通方面有广阔的应用前景!

图 1-11　长沙中低速磁浮列车

新能源车联网

好怀念一抬头就能看到蔚蓝的天空和朵朵白云的日子,多么的美好。可是现在这已成为了一种奢望。当我们享受在自己出行方便快捷的时候,殊不知,我们一方面在消耗着地球母亲有限的资源,一方面又在把它变成汽车尾气等污染物源源不断地排放到大气中。那么,有什么东西可以改变这种现状呢?有什么东西可以代替我们现在的交通工具呢?

说起能源,大家首先想到的一定是我们熟悉的煤、石油、天然气等不可再生能源,也被称为常规能源,但是它们不能被无穷无尽地利用,更重要的是会给环境造成严重的污染。随着这些问题日益突出,以环保和可再生为特质的新能源得到了广泛的重视。

那么,什么是新能源呢? 1980 年联合国召开的"联合国新能源和可再生能源会议"对新能源的定义为:以新技术和新材料为基础,使传统的可再生能源得到现代化的开发和利用,用取之不尽、周而复始的可再生能源取代有限的化石能源,重点开发太阳能、风能、生物质能、潮汐能、地热能、氢能和核能。此外还有沼气、酒精、甲醇等。其实站在科学的角度来说,新能源就是非常规能源,是指传统能源之外的各种能源形式,指刚开始开发利用或正在积极研究、有待推广的能源。

知识小助手

新能源之风能——

风是一种地球上的自然现象,由太阳辐射热引起。风能就是空气的动能,风能的大小决定于风速和空气的密度。全球可利用的风能,比地球上可开发利用的水能总量还要大 10 倍,它是太阳能的一种转化形式。风能可以通过风车来提取,当风吹动风轮时,风力带动风轮绕轴旋转,使得风能转化为机械能。

　　这么说起来,新能源真的很神奇呢,它就在我们的身边! 不仅如此,它现在在电力生产、热能生产、交通运输等多个领域都得到了广泛的运用,如图 1-12 所示。如今太阳能衍生出了光-电转换,主要就是利用光生伏特效应将太阳辐射能转换为电能,它的基本装置是太阳能电池。它在生活中的应用还不少呢! 比如加拿大电动车生产厂商推出的太阳能自行车,如图 1-13 所示,它的驱动系统就是装有一只 250 瓦电机和锂聚合物电池的车轮,把现有自行车的后轮换成这种车轮只需不到 5 分钟的时间! 它的表面还装有一系列的太阳能发电板,发电板表面有一层透明的塑料保护套。在白天,不论是晴天还是多云,当自行车停车或在运动时,太阳能发电板就会连续不断地向电池充电,每小时产生的电能可以使电动自行车多行驶 1 千米。用户还可以通过车把上的控制器来控制供电量,这种控制是无线控制。控制器由独立的太阳能电池板为其集成电池充电。控制器和电机的电池也可以通过内置的充电器利用电网电源充电。

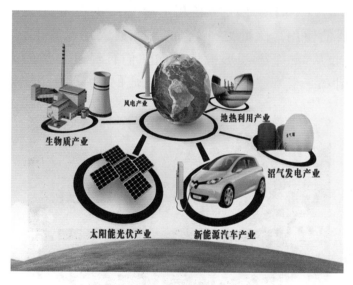

图 1-12　新能源的应用

图 1-13　太阳能自行车

　　下面再介绍一个小案例——自动追随太阳方向的向日葵太阳能,如图 1-14 所示。它的外形类似于一个巨大的向日葵,面板整体呈弧形,它的 6 个太阳能电池安装在面板后面,而正面的镜面阵列可以把日光强度提高到 2000 倍,能够将从阳光中收集的超过 80％ 的太阳能转换成电量,这就产生了比以往多得多的电能。在晴天的条件下,该系统可以产生 12 千瓦的电力和 20 千瓦的热能,足够为偏远地区的好几个家庭提供正常的电灯、空调和冰箱等日常家用电器的使用。除此之外,它的采光面上还设置了许多水冷式太阳能晶片,用来接收从 36 个椭圆形镜子导向它们且经过聚焦的太阳光,这些椭圆形的镜子是用 0.2 毫米厚的可回收铝箔制成的,并覆有一层银的涂层薄膜。

图 1-14　向日葵太阳能

抛物线反射器就像向日葵一样可以整天自动地追随太阳的方向,以便优化太阳辐射的能力,达到最大的利用率。抛物柱面反射器将阳光反射到多个装有光电芯片的微通道液体冷却接收器,每个芯片的尺寸为(1×1)平方厘米,如果按照每天日照时间 8 小时计算,平均可产生 200～250 瓦电量。计算下来,一个这样的装置可以给我们带来如此多的能源,最重要的是这种获取的方式环保,无污染!您一定已经感受到不可思议了吧。

　　除了太阳能发电,还有水力发电、核电站发电,只需消耗很少的核燃料,就能产生大量的电能,成本也降低了不少呢!除此之外,更令我们感到不可思议的便是生物质能的利用。说起农作物秸秆、薪柴,还有农林废弃物、动物粪便及藻类大家一定不陌生,可别小看它们,它们比我们想象中要有用许多!如今可以通过微生物作用将它们转化成沼气,还可以制造液体、气体燃料以及生物炭等。

　　现在,大家是不是对新能源有了更多的了解呢?新能源的发展与社会支持之间是相辅相成的关系。新能源产业可以解决能源危机、通货膨胀、环境问题等许多社会问题。新能源的快速发展中,与其配套的各项管理与技术也是不可或缺的。中国新能源利用前景广阔,今后将大力发展风能、太阳能、地热、生物质能等新能源和可再生能源。我国有丰富的新能源和可再生能源,统计显示,太阳年日照时数在 2200 小时以上的地区约占国土面积的三分之二以上,具有良好的开发条件和应用价值。可开发的风能资源储量为 2.53 亿千瓦。地热资源远景储量相当于 2000 亿吨标准煤,已勘探的四十多个地热田可供中低温直接利用的热储量相当于 31.6 亿吨标准煤。

　　想一想,如果我们可以多加开发、合理利用这些能源,并且应用到我们的生活中去,将会产生多少令人惊喜的结果!宝贵的化石资源得到了保护,大气污染也会大大减少,也许在不久的将来,新鲜的空气、蔚蓝的天空和满天的繁星就又会回到我们的身边。

　　下面,我们再来介绍车联网。可能不少读者对这个词感到陌生,但是说起互联网,大家一定会豁然开朗。互联网就是网络与网络之间所串连成的庞大网络,这些网络以一组通用的协议相连。这种将计算机网络互相连接在一起的方法可称作"网络互联"，在此基础上发展出覆盖全世界的全球性互联网络就是互联网。那么顾名思义，车联网就是车车相连的互联网，它与物联网一样，不仅都离不开最基本的互联网，而且现在都正以多样化的形式侵入我们的生活，将我们带到智能化的生活中去。在这里只对物联网做个简单的介绍。

> **知识小助手**
>
> **物联网——**
>
> 是指通过各种信息传感设备，实时采集各种需要的信息，目的是实现物与物、物与人，所有的物品与网络的连接，方便识别、管理和控制。它是互联网的延伸和扩展。就像在今天我们已经可以通过手机来操控台灯、空调甚至是汽车，这些都离不开物联网！

车联网的概念引申自物联网，根据中国物联网校企联盟的定义，车联网是由车辆位置、速度和路线等信息构成的巨大交互网络。通过 GPS、传感器、摄像头图像处理等装置，车辆可以完成自身环境和状态信息的采集；通过互联网技术，所有的车辆可以将自身的各种信息传输到中央处理器；通过计算机技术，对这些信息进行分析和处理，达到智能化识别、定位、跟踪、监控和管理。

看看我们身边，每到上下班、周末及节假日，堵车已经成为一种常态，如图 1-15 所示，如果能将车联网广泛应用到生活中，或许可以改善这种现状。当我们驱车在公路上时，可以利用装在车辆里面的通信终端查询自己的当前位置，实时获得路况信息，从而选择出行的最佳路线。这样我们不仅可以有效

图 1-15　城市堵车现象

地避免交通拥堵,提高行驶速度,还可以减少车辆对道路的无效占用和废气的排放,对整个城市的交通状况和空气质量都有很大的改善,是一举两得的好事!

除此之外,还有其他的应用呢!比如将一些地方的停车位状态联入互联网,可以看到全市路侧每个停车位的状态,老百姓可以通过手机上网实时查询目的地附近的停车位情况。目前,北京市朝阳区已经有了应用,给百姓带来了极大的便利。当然这只是车联网在我们身边最普遍的一个应用,其实这个领域是广阔而又神秘的!车联网技术是多领域多学科高新技术的集成,是解决交通重大社会问题的关键,也是我国重要产业发展面临的新机遇。车联网的应用,有助于为交通管理机构的管理和规划提供帮助,为消费者出行提供信息支持,可减少大约80%的道路交通事故。同时,还能够促进车辆的节能与环保。

让我们来展望一下,如果把汽车与之前说的新能源和车联网结合在一起擦出怎样不可思议的火花?没错,也许这就是汽车的未来!

目前在这方面,“特斯拉”是典型的代表。如图1-16所示,它是一款纯电动车、超级跑车,采用18650电池,充满电可以行驶480千米以上,加速只需要短短的4.2秒。更加酷炫的是,它可以通过手机远程控制窗、灯、锁,充电的监控和中断,它有17寸中控超大触屏,可以轻松连接互联网,实时获取各种信

图1-16　“特斯拉”电动汽车

息。特斯拉用最具创新力的技术,减少了全球交通对石油资源的依赖,加速了可持续交通的发展,同时将车联网运用其中,这种"IT 造车"的思维是当下我们最值得学习的!

读到这里,我们是不是已经被这种新能源车联网的技术所震撼?不得不承认,这些科技发明正在不断地改变着我们的生活。我们相信,只要靠人类不懈的努力,车的进化会远远超出我们的想象。让我们一起为美好的环境以及更智能更环保的出行奋斗吧!

智能公交

我们每个人都坐过公交车。当你在公交站等公交时，用手机获取公交的实时信息；当车辆到站时，车内自动播报车站信息；诸如此类的种种都离不开公交智能化。那么，到底什么是智能公交呢？

说起智能公交，也许大家感觉那是未来才会出现的事，其实不然。公交智能化是公共交通发展的必然模式，而且在中国的大部分一线城市都已实现，对缓解日益严重的交通拥堵问题也有着很大的帮助。结合公交车辆的运行特点，以塑造平安公交、智能公交为出发点，我们主要实现：可以根据线路、站点客流量科学设置公交线路，系统使用计划排班调度与滚动排班调度相结合的调度模式，使车辆运营调度智能化、实时化、科学化，加强对运营车辆的指挥调度，提高运营效率；通过建设公交调度监控系统，实现车辆营运的实时数据的采集，对车辆进行自动定位，更科学有效地管理公交车辆；自动报站系统，车辆靠站设备通过车内广播自动播报车站信息，提醒乘客换乘和注意事项；全面的视屏监控系统建设，可以提供公交车内、公交站点及公交场站的视频数据，为实现平安、智能公交提供依据；以及通过完善的公交信息服务系统的建设，公众可以通过手机、实体电子站牌等方便准确地获取公交线路信息、车辆实时信息等,使公交成为最优质、安全、经济、舒适的出行方式等目标。下面将带领大家一起去深入了解智能公交。

智能公交就是运用当下最先进的GPS定位技术、3G通信技术、GIS地理信息系统技术,结合公交车辆的运行特点,建设公交智能调度中心,对线路、车辆进行规划调度,实现智能排班,提高公交车辆的利用率,同时通过建设完整的视频监控系统实现对公交车内、站点及站场的监控管理。那么,智能公交终端需要有怎样的设备才能使它具有这样的功能呢?

一般来说,它的设备主要包括车载主机、司机操作屏、电子站牌、摄像头以及对讲手麦等。其中车载主机和司机操作屏是装在公交上的主要设备,它们的功能十分强大。如图1-17所示,比如能够实现GPS车辆定位、行车情况记录、

图1-17 车载主机和司机操作屏

> **知识小助手**
>
> **GIS 地理信息系统——**
>
> 大家平时可能听过GPS定位和3G通信,但是对GIS地理信息系统或许不太了解。
>
> GIS是一种特定的非常重要的空间信息系统。它是在计算机软、硬件系统支持下,对整个或部分地球表层空间中的有关地理分布数据进行采集、储存、管理、运算、分析、显示和描述的技术系统。
>
> 一个单纯的经纬度坐标只有置于特定的地理信息中,代表为某个地点、位置、方位后,才能被用户认识和了解。GIS结合地理学、地图学、遥感和计算机科学,已经被广泛应用在不同领域。

图像抓拍、里程统计、语音手/自动报站、语音对讲、服务用语播报、数据、图像储存、摄像视频信息显示、紧急情况报警以及司机考勤等功能。接下来的电子站牌在这里要特别介绍。我们等公交时往往都会感到盲目无聊,而它可以很好地解决这个问题,它不仅可以直观地告诉我们等候的公交车离我们还有多远以及前面的公交车辆数,还

可以提供实时文字或视频节目供我们观看,诸如天气预报、公交政策、一些商业广告以及周围商圈信息等,可供等车的居民了解附近有哪些娱乐、休闲场所。更加便利的是,在监控调度中心可以通过电子站牌摄像头实时查看站点视频,然后针对实际人流量来调度车辆,如图 1-18 所示。相信现在的你一定迫不及待地想知道这些都是如何实现的! 其实,电子站牌对于已经安装GPS 车载定位系统的公交车,会通过无

图 1-18　电子站牌

线网络将公交车定位数据发布到控制中心服务器中,计算出车辆的实时到站信息,然后将计算结果发送到安装有无线通信设备或光纤通信的智能站牌中,在 LED 屏或 LCD 屏上进行预报和信息发布。

　　现在中国的不少城市都开始使用电子站牌。宁波市街头竖立的 2 米多高的智能公交电子站牌就曾吸引过众多市民的眼球,如图 1-19 所示,该站牌不仅能实时动态地显示公交车的位置、进站情况,还能显示时间、天气、电视节目,配有专用摄像头,这让许多候车的市民都感受到了科技的先进和便捷。近年来,随着科技的发展、经济的增长、城市化进程的加快,人们对于交通的依赖急剧上升,相信未来城市的智能化以及市民出行的智能化会成为发展的一个主要趋势。

　　除了这些,还有一个很先进的东西就非掌上公交莫属啦! 它是未来智能公交的重要组成部分,是面向乘客出行的网络"电子站牌"。我们只要用电脑或者手机上网就可准确掌握所需搭乘的公交车辆

图 1-19　宁波市智能公交电子站牌

的到达时间、离本站的距离等信息,还可以查看经过某站的所有公交线路,以及查询从某出发点到目的地的所有换乘方案。这样,我们可以在每次出门前查询好各种信息,然后规划安排好最合适的出行时间。现在已经有了不少这种应用的 APP 可以方便大家智慧出行。

如图 1-20 和图 1-21 所示,陌生地方不知道去哪里坐车?忘记站点名称?利用这种 APP 可以帮助我们迅速定位附近公交车站,还可以在地图上查看站点位置;还有贴心的市内换乘功能,多种方案供我们选择,等等。从此没有去不了的地方。

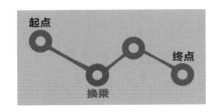

图 1-20　掌上公交 APP 应用之一

图 1-21　掌上公交 APP 应用之二

智能公交的应用效果是非常不错的!它可以整合公交运营企业调度、排班、监控系统,实现模拟调度、智能排班、视频监控一体化管理。提升公交乘坐服务体验,增强公众搭乘公交意愿。通过电子站牌和掌上公交使乘客便捷地了解公交运行信息,公交运营过程透明可掌握。通过系统建设实现公交到站的自动报站使乘客更容易掌握下车和换乘时间,避免不熟路线的乘客坐车过站的问题,更好地安排计划换乘路线。最重要的是增加了公交出行便利,提高公交车利用率,优化城市交通。根据城市人流分布情况合理安排公交线路、站点设置以及公交班次、提高公众出行便利同时也增加公交利用率,优化城市交通,为城市提速。

现在,大家对智能公交有所了解了吗?应该有不少朋友现实生活中已经接触过或者用到过智能公交了。这种智能化为公众出行提供了便捷的服务,也为出行的安全提供了有力的保障。相信在不久的将来,智能公交能在我们生活中普及,公交能成为最优质、安全、经济、舒适的出行方式。智能公交,智慧出行!

神奇的电乘车

　　你为汽车尾气严重污染环境而担忧过吗？你想过有一天能拥有一辆不用加油就可以在公路上驰骋的车吗？曾经，也许这只是幻想，现在，这种节能环保可充电的车就在我们身边。在汽车行业已经成为世界上能源消耗和污染最大的行业之一的今天，这种车对我们非常重要，下面让我们一起去电乘车的海洋中遨游吧！

　　说起电乘车，大家可能有些丈二和尚摸不着头脑，不过换一个词——电动车，想必大家一定很熟悉。没错，电乘车就是一种用电力来驱动的车辆。

　　其实电乘车的历史可是比我们现在最常见的内燃机驱动的汽车还要早呢！第一辆电乘车是1834年由美国人托马斯·达文波特制造出来的，用直流电机驱动。发展到今天，电乘车已经发生了巨大的变化，

知识小助手

电乘车的分类——

　　电乘车按动力来源分可以分为纯电动汽车、增程式电动车、混合动力电动车（串联、并联、混联）、燃料电池车；按电力提供的方式可以分为两大类：一是连接外部电源来获得电力，另外就是用燃料电池、储能器件（如储能电池、超级电容）等作为电力。

类型也更加多样了。下面站在更科学的角度给大家介绍电乘车吧！

电乘车即电动车，一般分为交流电动车和直流电动车。通常我们说的电动车是以电池作为能量来源，通过控制器、电机等部件，将电能转化为机械能，以控制电流大小来改变速度的车辆。

说到这里，相信大家已经被这款新能源车深深吸引，但是大家也一定会有些疑问，例如，这种车充满电到底能行驶多少千米呢？其实在实际使用过程中，这一点与许多因素都有关。其中与厂家有关的因素主要是电机的效率特性、蓄电池的容量和寿命特性等，还有一些不能忽略的客观因素为：骑行者的体重、经常行驶的路面情况、是否需要经常使用刹车以及驾驶人平时的一些驾驶习惯。这里还需要提醒大家的一个问题是：电池的容量会随着使用时间的增长而减少，如果旧电池的最大行驶距离不能满足一天的交通需要，考虑到安全保障，我们应该把电池送去维护或者更换新电池。这一点我们每个使用电乘车的用户都要加倍留心注意！

图 1-22　电乘车电池

对于电乘车来说，最核心的应该就是它的电池，如图 1-22 所示，那么它的电池有哪些种类，又有什么不同呢？它的铅酸电池，也就是含铅酸胶体的电池，成本便宜，性能稳定，市场上的电动车都采用此种电池。锂离子电池，通常称为锂电池，成本昂贵，性能不稳定，容易发生爆炸，安全系数低。正在研制使用的磷酸铁锂动力电池解决了安全的问题并正在进一步完善。

晶胶电池，成本高，性能稳定，市场上使用此类电池的电动车并不多见，只有少数商家才配置此高性能电池，它的安全系数最高。使用寿命远高于前两类电池。其自我修复功能的优势也在行业中占据领先位置，优势是铅酸电池不具有的，避免了铅酸电池分层的缺点。

电池作为化学物质，它也是有一定寿命的。对于充电电池来说，一般我们以充电次数来衡量其服务寿命的长短，如图 1-23 所示。镍镉电池的循环使用寿命在 300～700,镍氢电池的可充电次数一般为 400～1000 次,锂离子电池为 500～800 次。

图 1-23　电池充电性能

所以,最重要的还是要合理充电。有人说:"蓄电池不是用坏的而是充坏的",这一说法还真有其正确性。蓄电池充电性能好坏对蓄电池的使用寿命和使用性能起着举足轻重的作用,因此必须重视充电的方式。按绝大多数用户的情况,最理想的选择可以将蓄电池以放电深度为 50％～70％时充一次电最佳,这样可使蓄电池寿命达到最佳效果。同时,温度对充电的影响也是相当大的。在高温季节,蓄电池存在过充电的问题。应尽量降低蓄电池温度,保证良好散热,防止在烈日暴晒后即刻充电,阳光下暴晒会使蓄电池温度增高,蓄电池各种活性物质的活度增加,影响蓄电池使用寿命。与之相反,在低温情况下,蓄电池存在充电接受能力差、充电不足的问题。这种情况下,一定要提高充电电压和延长充电时间,并采取保温防冻措施,这样才有利于保证充足电,延长蓄电池的使用寿命。

如今,电乘车占国民经济的份额还不是很高,但它确实在能源和环境的节约与保护方面起着重要的作用,在我们生活中的普及度也在不断提高!丰田汽车想必大家都很熟悉,它曾宣布要在日本推出世界第一辆燃料电池为动力的汽车,如图 1-24 所示。这种燃料电池汽车排出的是水,而不是废气,因此十分环保。试想如果有朝一日这款车能被普遍使用,那么我们的环境一定能得到很大改善。除此之外,在燃料电池车领域,本田也计划将新车投放日本市场,日美欧等世界大型汽车厂商正加紧燃料电池车的商用化,该领域的竞争十分激烈!

图 1-24　燃料电池汽车

还远远不止这些!电乘车还非常节能高效,纯电动汽车的能量使用效率可以达到 60%～80%,是传统发动机能效的 3 倍。某汽车新能源公司就在积极推进纯电动车的研发,其产品 E150EV 是非常不错的代表。它充满电一次只需要 26.5 度电,能续航 160～200km。让我们计算一下,它百千米平均消耗 16 度的电量,成本只需要 8 元钱,相当于燃油汽车的 1/10,不仅如此,它还能将刹车的动能转化为电能,增加续航里程高达 20%,特别适合城市的使用!纯电动汽车的表盘如图 1-25 所示。现在,你是不是已经被它的节能高效及低成本所深深吸引了呢?

图 1-25　纯电动汽车表盘

纯电动车是目前机动车中唯一不排放任何尾气和污染物的机动车辆。即使将其所耗电量换算为发电厂的排放,其污染物也是显著减少的,并且因为它是集中排放所以可以被统一治理。而 1.6L 排量的传统动力汽车,每万千米就会耗油 1000 升,产生约 2.4 吨的二氧化碳以及大量其他有害气体,需要 130 平方米的树木、花费一整年的时间才能中和! 对于集中了 600 万辆"吞云吐雾"的机动车,而又高楼林立不便污染散去的北京等大城市而言,让人着实不敢细想细算。

电乘车使用了大自然赋予我们的电能,这也是目前已知的最清洁、稳定、经济、高效的能源,并且如果我们可以通过水电、风电、太阳能、核电等多种形式获得,那就可以真正做到无污染、纯绿色、全程环保。我们应该一起努力,让电乘车在生活中普及,不仅能有效缓解人们对能源危机的担心,还能推动国家能源结构和环境问题的优化,是一举两得的好事!

知识小助手

能量来源之充电桩——

说起电乘车,还有个不得不提与其紧密相连的东西就是充电桩!

充电桩的功能就好像加油站里的加油机,可以固定在地面或者墙壁。它可以根据不同的电压等级为各种型号的电动汽车充电,其输入端直接和交流电网相连,输出端装有充电插头,一般提供常规和快速两种充电方式。人们可以使用特定的充电卡直接刷卡使用,其显示屏会显示充电量、充电时间以及费用等数据,方便快捷。

2006 年,比亚迪在深圳建成首个电动汽车充电站。截至目前,我国已先后建立起多个电动乘用车充电站。

第二单元　智能生活

居家养老"新潮流"

大家都知道，现在我们的家庭人员组成大部分是"4＋2＋1"模式，包括4个老人、2个中年人和1个小孩。由于家庭中老人人数较多，养老问题成为我们不容忽视的问题。那么是什么原因形成了这种模式呢？我们如何让老人更好地度过快乐幸福的晚年呢？

由于人类医学、经济等的发展，人类寿命越来越长，而新生儿的数量越来越少，这成为全球的普遍现象，导致人口老龄化的程度不断加深。据截至2014年底的统计，我国60岁以上老年人口达到2.12亿，占全国总人口的15.5％。根据世界卫生组织的定义，一个国家或地区60岁以上老年人口占人口总数的

人口老龄化是指总人口中因年轻人口数量减少、年长人口数量增加而导致的老年人口比例相应增长的动态。其有两个含义：一是指老年人口相对增多，在总人口中所占比例不断上升的过程；二是指社会人口结构呈现老年状态，进入老龄化社会。

10％，或65岁以上老年人口占人口总数的7％，即意味着这个国家或地区的人口处于老龄化社会。我国65岁以上人口所占的比例已于1997年超过7％，因此我们正处于老龄化社会。

老人家都有子孙后代来抚养和关爱，这是古代大同社会的一个标准与追求。那么如何才能实现老有所养、老有所乐呢？在中国，目前主要的养老模式有家庭、公立或私立养老院以及面向特殊老人的福利院和敬老院等。孝敬老人是我们民族的传统美德，老人在家庭中感受亲属的照顾和关心、享受亲情融合的生活氛围才是我们遵守孝道的表现。因此在中国，现阶段仍以传统的养老模式为主导，家庭仍是老人养老的主要依托。但由于人口老龄化的程度加深及城市家庭结构小型化，"421"时代的到来，使得独生子女往往无力兼顾事

业和多位老人。

那么如何既能让老人的晚年生活幸福快乐,又能减轻子女的负担呢?基于这种现状需求,一种新的居家养老模式应运而生——居家养老智能管理系统。居家养老智能管理系统就是通过架设前端传感器,在不显著影响老人日常生活的前提下,在居家养老设备中植入电子芯片装置,监测老人日常生活轨迹,收集老人居家信息,进而判断老年人居家安全状况;系统内置的判断程序根据一定的周期识别老人异常状况,及时进行报警。如图 2-1 所示,系统着力解决空巢老人居家养老中的两大关键风险,即老人在家跌倒不起后无人搀扶,老人突发疾病猝死家中长时间无人知晓,满足老人居家养老过程中主要的安全守望需求,以简单易行的方式形成一双"无形的手",为老人提供守望关怀服务,在自己家中过上高质量高享受的生活(如图 2-2 所示)。

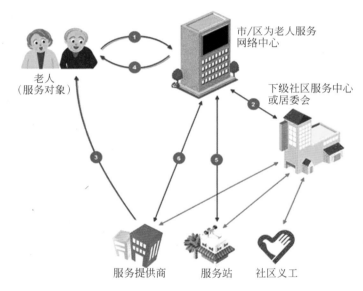

图 2-1　居家养老智能系统

系统致力于解决两大问题,一是老人跌倒不起无人响应,二是老人突发疾病猝死家中无人知晓。通过在老人家中架设传感器,采集老人的跌倒和活

图 2-2　幸福晚年

动信号，综合判断老人居家安全状态，在一定周期内发现异常，及时进行报警。居家养老智能管理是传统居家养老的升级和优化，它既满足老年人的需要，又合并了网络远程技术和实时健康管理的优势，让子女随时了解父母的健康状况。当老年人因饮食不节制、生活不规律而带来各种亚健康隐患时，智能居家养老系统也能第一时间发出警报；智能居家养老设备医疗服务中心会提醒老人准时吃药和平时生活中的各种健康事项。当老人外出时，在老人身上安装 GPS 全球定位系统，我们也不必再害怕老人迷路或走失；老人独自在家出现意外状况时，我们也不必担心得不到通知而着急。居家养老智能管理就相当于老人在家里多了保姆或家人的看护与照顾，这充分满足了子女对老人的呵护需要！如图 2-3 所示。

智能居家养老是家庭亲情和高科技的最新结合，为老年人提供日常生活资讯、健康管理、实时安全监控等的同时，也体现了家庭成员的亲情，融合了高科技的辅助功能。

> **知识小助手**
>
> GPS 全球定位系统是一个由覆盖全球的 24 颗卫星组成的卫星系统。其保证在任意时刻，地球上任意一点都可以同时观测到 4 颗卫星，以保证卫星可以采集到该观测点的经纬度和高度，以便实现导航、定位、授时等功能。GPS 是 20 世纪 70 年代由美国陆海空三军联合研制的新一代空间卫星导航定位系统。其最初主要目的是提供实时、全天候和全球性的导航服务。

图 2-3　居家养老系统的作用

所以,智能居家养老实际上是在远程科技的体系上建立的一个支持家庭温情养老的新型社会化服务体系,是其他养老模式的补充与完善,不仅解决了我国家庭养老资源弱化的问题,也符合中国一向提倡的"孝"文化。

除此之外,最近也在流行一种新的养老观。美国密歇根大学心理系曾追踪 100 名退休族 4 年后的生活状况,其中对生活最感满意的退休族,平均有 16 名可以依赖的朋友或熟人;不满意退休生活的,则只有不到 10 个朋友。可见"老伴儿"的重要性,值得注意的是,这里的老伴儿指的是一起"老来作伴"的亲朋好友。

幸福的晚年生活有很多影响因子,他们之中至少要包括健康、感情、学习、精神寄托以及社交活动等几个方面。老年人退休之后和朋友们一起做些相同兴趣的活动,参加一些公众性的体育、文艺项目;和朋友们时常见见面、喝喝茶、聊聊天,然后彼此之间相互关心,相互帮助。在这样的需求下,一种智能化大型服务平台应运而生。其运用物联网和互联网,根据社区老年人居家生活需求,以科技整合资源,为老年人研发集文化、健康、心理等服务为一体的智能化大型服务平台。有了这个平台,老年人可实现自我开展文化娱乐活动、实现自我身体健康状况和心理健康状态的检测评估,这样就真正做到了老有所乐,老有所医!

在智能居家养老方面,最新的创新成果又有什么呢?随着可穿戴设备的发展,其被运用到各个领域,最近发明的老人看护手表便是其在智能居家养老方面的突出运用。老人看护手表是一款可穿戴式设备，如图 2-4 所示，老人看护手表具有远程心率监测、SOS 呼叫及紧急救助、GPS/LBS 定位及出行行踪监护、手机通话等功能，同时对老人生理状态和所处方位进行守护，避免意外的发生。

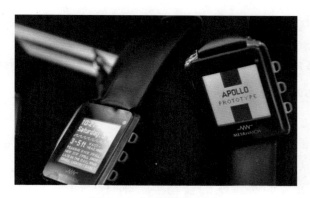

图 2-4　智能看护手表

有了这些智能居家养老的"新玩意儿"，我们可以让老人做个享受暮年生活的人，人生可以再度染上春天的色彩，这是我们晚辈最大的幸福！

食品安全"我保航"

　　大家都知道，民以食为天，食品是我们生活保障的基础，食品安全关系到每个人的切身利益。但是近年来频频曝光瘦肉精、染色馒头、毒生姜等食品安全事件，让老百姓都意识到了食品安全问题的严重性，越来越多的人也急切关注食品健康安全的问题！

　　生活中的我们是不是也经常听到某些食品里添加了有毒化学物质？我们是不是对自己每天所吃的食物是否安全充满疑惑？媒体中报道的各种食品安全问题是不是导致我们对所吃的食物失去信任？如图 2-5、图 2-6 所示。

图 2-5　食品安全问题

图 2-6　食品安全困扰

　　由于食品安全问题越来越受到关注，研究人员也着力研究可以快速检测出食品中有毒物质的方法。由于食品中的有毒物质具有多样性和微量性，传统的检测设备不能满足要求,因此食品安全检测仪器的研发对我们的生活有重大意义。

大家知道什么是食品安全快速检测仪吗?食品安全快速检测仪是指能快速检测出各种食品与农产品中的农药残留、甲醛、吊白块、二氧化硫、亚硝酸盐、硝酸盐等多种有毒有害物质和添加剂的含量,是一台集多种检测功能于一体的食品安全综合检测仪器。它的特点是检测时间短、携带方便、操作简单且经济实用。同时,在政府监管部门的日常监测中,由于样品量大,可先用快速检测方法筛选,发现有问题的食品

> **知识小助手**
>
> 　　食品安全(food safety)指食品无毒、无害,符合应当有的营养要求,对人体健康不造成任何急性、亚急性或者慢性危害。根据倍诺食品安全定义,食品安全是"食物中有毒、有害物质对人体健康影响的公共卫生问题"。食品安全也是一门专门探讨在食品加工、存储、销售等过程中确保食品卫生及食用安全,降低疾病隐患,防范食物中毒的一个跨学科领域。

再用仪器定量分析,从而节省大量的人力、物力和财力。因此,快速检测技术近几年发展很快,在日常监测领域发挥了越来越重要的作用。

了解食品安全快速检测仪,那么我们知道它都用在哪些地方吗?下面我们具体来了解食品安全快速检测仪在一些方面的应用。

食品安全快速检测仪在农药残留上的应用

目前测定果蔬中有机磷农药残留的分析方法较多,主要有色谱法、波谱法等方法,其中色谱、波谱等方法虽然灵敏度高,但分析费用较高、时间长且需要熟练的技术操作人员,不适于中国即采即售的果蔬产销方式。现今研究者开发研制了多种快速检测农药残留的方法,目前果蔬中农药残留测定的国家标准方法是农药速测卡法(如图 2-7、图 2-8 所示),即酶抑

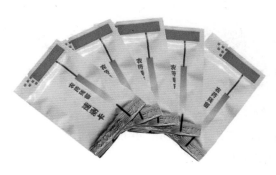

图 2-7　农药速测卡(一)

制剂法。酶抑制剂法具有操作简便、快速、设备简单、测定方法易于掌握等优点，特别适合现场检测及大批量样品的筛选。

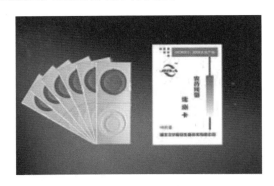

图 2-8　农药速测卡（二）

食品安全快速检测仪对硝酸盐和亚硝酸盐的应用

目前，我国研究者研制出了灵敏、快速、简便的硝酸盐试剂盒、硝酸盐试纸快速测定法（如图 2-9、图 2-10）等，十几分钟即可出结果。同时，随着能测定亚硝酸盐的食品安全快速分析仪的研究和应用，30 分钟内即可得到准确结果，方便了质检和市场管理部门的现场流动检测。

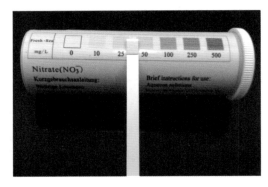

图 2-9　硝酸盐试剂盒

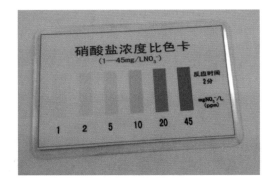

图 2-10　硝酸盐浓度比色卡

快检设备的配备，改变了过去靠"眼看、手摸、鼻闻"的老办法，满足了现场快速检测食品的要求。"以油为例，以前我们用肉眼进行初步判断，然后采样、送检，到出结果差不多要半个月时间。"食品检测的工作人员说。实行快速检测后，根据初步结果再送样检测,针对性更强,速度也更快了,可做到食品安全隐患早排查、早预防、早控制,最大程度地减小食品安全事故的发生率。

除此之外,对于一些易变质的食品而言,实时质量监测标签起到十分重要的作用。食品、药品等易变质产品的变质速率和温度密切相关。在实际生活中,不同产品在供应链中所经历的温度历程不同且不明确,都会影响产品的实时质量状态。

知识小助手

实时质量监测标签是可指示易变质包装产品实时质量的变色智能标签,通过动力学调控使标签的变色速率与产品的变色速率在各个温度下同步,从而达到监测产品实时质量的效果。

有了这些值得信赖的安全检测仪与设备的帮助,食品安全在很大程度上得到了保障。经过多种检测方法为我们的"舌尖"保驾护航,我们可以放心地做个安静的"吃货"了!

数字健身"新活力"

在全社会都在倡导健身的今天，我们越来越意识到了健身的重要。然而传统枯燥的"磨难健身"常常让我们难以坚持，天气场地等的限制又会阻碍我们健身的脚步。那么怎么样才能让我们不仅可以在健身中享受快乐，还可以不受环境因素的影响随时随地享受健身带来的充实呢？数字健身帮助我们实现了这个愿望！

当你一个人在跑步机上挥汗如雨时，是不是想有一个一起坚持互相助力的伙伴？当你想要放弃时，如果有一个人为你加油是不是觉得信心倍增？不管外面刮风还是下雨你在家里就可以选择你想要的场景来锻炼一番，是不是觉得惊喜又方便？随着互联网时代的到来，所有这些听起来不可思议的想法，只要我们连上网就可以实现。这就是时下热衷的数字健身运动。

那么为我们的生活带来很多惊喜的数字健身到底是什么呢？数字健身，也称为 VR（Virtual Reality，虚拟现实技术）网络健身，采用的是 VR 技术，给人身临其境的感觉。与传统电子竞技和网络游戏单纯的眼球＋手指的相对静坐的活动形态不同，数字健

知识小助手

虚拟现实技术（Virtual Reality）是一种可以创建和体验虚拟世界的计算机仿真系统。它利用计算机生成一种模拟环境，是一种多源信息融合的交互式的三维动态视景和实体行为的系统仿真，使用户沉浸到该环境中。在医学、游戏、军事航天、室内设计等领域有突出作用。

知识小助手

可穿戴设备即直接穿在身上，或是整合到用户的衣服或配件的一种便携式设备。可穿戴设备不仅仅是一种硬件设备，更是通过软件支持以及数据交互、云端交互来实现强大的功能，可穿戴设备将会对我们的生活、感知带来很大的转变。

身更加强调肢体运动,借助摄像头、可佩戴式头盔或传感器和动作捕捉系统等,将类似网络游戏的纯 3D 软件与健身者的室内运动结合起来,用计算机模拟的人工环境代替现实世界的真实环境,来实现人机之间、人-网络系统-人之间的交互运动和娱乐。像图 2-11 一样,我们可以通过肢体的运动来控制模拟任务的动作。

图 2-11　3D 模拟健身

　　将数字化技术应用于娱乐健身新模式中,展示和演绎了快乐健身的特点。通俗地说,数字健身就是通过屏幕将虚拟与实景相结合,使室内健身者在机上跑步时犹如置身于户外一般,可感受自然界中不同的天气变化,产生身临其境之感。同时通过上网,在家中可以进行一对一的教学,并且与其他健身者进行比赛交流等。有了数字健身,我们可以在健身中享受乐趣,这样既锻炼了身体,也使我们的心情得到放松,真是一举两得!

　　数字健身,这项流行于欧美的群体健身模式起源于瑞典,已经有 10 年的历史。数字健身为人们提

知识小助手

　　数字健身器材是嵌入了计算机、传感器与网络设备的健身器材。在健身者使用的过程中,计算机能检测运动量并将相关的数据传输至系统数据库中保存。计算机必要时还能调整健身器材的状态。

供了一种崭新的生活方式、生命状态以及一种全新的价值观。

图 2-12　数字健身器

目前市场上已经有很多主流的数字健身设备,比如健身车、计步器、跑步机等。这些设备看似与我们平时所用的健身器材没什么太大区别,但仔细一看,每一个健身器材,都与一堆外用设备相连,它是各种传统健身器械经过网络化、数字化的技术升级来实现的。例如,如图 2-12 所示,如果我们做出一些动作,在屏幕上就会出现自己的虚拟 3D 图像。"虚拟人"在各种仿真环境中做着和我们相同的健身动作,骑自行车、跑步……这会给我们一种运动互动的真实感,让我们每个人在从习惯性的观众一下步入运动员的身份换位中,深切感受体育竞技所带来的兴奋、快乐,体味与千里之外的朋友同场竞技的新奇。目前市面上的健身器械绝大多数都能够实现数字化网络化升级,下面我们来介绍几个典型的数字健身的创新产物。

数字健身器材是科技与传统健身器材的结合。它在实现传统器材功能性的基础上,结合互联网应用,这样便可以更科学地记录多种运动数据。数字健身器材种类有很多,常用的主要包括:数字计步器、数字健身车等。下面我们具体介绍这两种数字健身器材。

(1) **数字计步器**:计步器通过统计步数、距离、速度、时间等数据,测算卡路里或热量消耗,用以掌控运动量,防止运动量不足或过量的情况。同时,在我们使用的过

知识小助手

手机 APP(Application 的缩写)就是可以安装在手机上的软件,完善原始系统的不足与个性化。手机软件与电脑一样,下载手机软件时还要考虑你购买这一款手机所安装的系统来决定要下载相对应的软件。目前手机主流系统有 iOS、Android、Symbian 等。

程中,系统可以监测健身运动量与心率、血压等生理指标,并存储在个人数据库中。

(2)**数字健身车**:数字健身车是利用电脑互联网游戏与健身自行车紧密结合的健身器材。这种健身车不仅可以自主选择多种健身模式,还可以选择多种虚拟健身场景,甚至游戏人数也是自主可控的。此外,我们还可以邀请在线的朋友共同健身。同样,使用过程中系统可以监测健身运动量与心率、血压等生理指标,并存储在个人数据库中。

近几年智能手机迅速得到普及,大量的健身 APP 也应运而生,如图 2-13 所示。这些 APP 有的可以起到计步器的作用,测量健身者一天步行距离并科学估算健身者的消耗能量;有些可以全天监测个人的心率、血压等健身指标。APP 能向数据库上传健身者的健身与健康数据,还能全天候地接受系统的健身建议。除此之外,我们还能在 APP 社区中结交伙伴相互鼓励!

图 2-13　健身 APP

了解了上面介绍的集娱乐性、趣味性于一身的数字健身创新产物,你还会窝在电脑前没有一丝心动吗?数字健身器材图 2-14 所示。数字健身相对于传统的健身方式到底有哪些优势呢?

(1)**便捷性**:我们可以足不出户,也不管外面天气是晴还是雨,都可以进行健身运动。在工作高节奏的今天,高效率就在此体现,不用天天跑健身房,在家就能健身,不用浪费更多的时间在交通上,一天节约一小时还是相当可观的,也规避了一些户外的不可抗因素。

图 2-14　数字健身器材

（2）**科学性**：由于加入了信息产业技术，使得健身更加科学，通过电脑不断地累积和处理各种从网络健身器材来的健身用户的健身运动数据，搜集大量互联网健身信息进行分析，根据用户的需求，更加有效地对健身用户进行健身指导，达到健身目的。

（3）**互动性**：由于采用了互联网技术，使得网络健身模式的人群集中在了一起，可以相互交流，相互竞技，在某种程度上也促进了健身者坚持锻炼的意志。在这个社会中，每个人都无时不刻地影响着别人，别人也无时不刻地影响着自己。

（4）**娱乐性**：为了使其区别于传统的健身，需要寓"健"于乐，在健身者进行正规有效的健身行为时，使之得到心灵上的欢愉。网络健身虚拟了真实人物在现实生活中的行为，利用了高科技来捕捉健身者的具体动作，当你看到有人跟随自己做一样的动作时，也是一件很快乐的事情。在健身的同时，给予精神上的健身，让健身者保持一种愉悦的心情，使之更加投入，身心的健康才是真正的健康。

（5）**经济性**：网络健身器材的价格往往要比传统健身器材的价格偏低，这也是利于全民普及。在其他传统健身器材的高价打压下，选择网络健身器材真的是一件一举两得的事情，既达到了自己的健身目的，在经济上也不用那么捉襟见肘，然而网络健身器材在市面上并不容易买到，现在是供不应求。

数字健身不仅仅是兼顾了传统健身模式的优点,屏蔽了其缺点,更是一种时尚现代化的健身方式,一种高效科学化的健身方式,一种高质全面化的健身方式!

今天朋友走了 5000 步,我才 2000 步;今天他走的步数第一……这样比着运动,你还想犯懒窝在电脑前不动吗?动起来吧!

智能新体验——温室漫游

你是否可以想象，在不远的将来，我们带上一副特殊的眼镜进入温室后，就可以看到每种植物的生长情况，它们是不是缺水，是不是不适应当前的温度……也许在过去我们不敢想象这一切真的会发生，但当先进的可穿戴设备出现在我们的视野中时，就预示着上面的场景一定会实现。下面就让我们了解一下科学技术在农业上带来的改变，体会食物从生长到餐桌的"奇迹漫游"！

住在钢筋水泥中的我们，在日常生活中农业似乎离我们比较遥远。我们无法跟随植物见证它们从播种到生长到收割的过程，也无法深刻体会一粒米的来之不易。只有真正了解我们餐桌上食物的来之易，才会珍惜养育我们长大的五谷杂粮。那么，现在我们就来了解一下科技对于农业的贡献吧！

知识小助手

新农业亦可称为现代农业。所谓现代农业，是相对于传统农业提出的，指广泛应用现代科学技术、现代工业提供的生产资料和科学管理方法的社会化农业，相对于分户小规模生产形式的传统农业，它是一种高投入、高产出的农业形态。

随着我们社会科学技术的发展，各类科学技术逐渐应用于农产品的各个阶段。比如农产品的生产阶段的农艺技术，包括运用于育种、育苗阶段、物流阶段的生物技术、信息技术等，比如生物技术改良农作物品种，现代化信息技术运用于田间管理、农产品流通等。图 2-15 和图 2-16 展出了现代农业技术的两个应用：科学培植和科学育苗。

下面具体介绍几个科技在农业方面最新应用的实例。

图 2-15 科学培植

图 2-16 科学育苗

固定翼遥感无人机

　　近年来,固定翼遥感无人机信息获取技术广泛应用在农业领域。采用固定翼遥感无人机获取农业苗情监测、农业灾害、病虫害、育种等信息数据来进行管理,具有运行成本低、灵活性高以及获取数据实时快速等特点,是目前农田作物信息快速获取的主要方法之一,是精准农业发展的重要方向。

　　那么,什么是遥感无人机呢？所谓无人机遥感（Unmanned Aerial

> **知识小助手**
>
> 　　固定翼型遥感无人机遥控飞行和程控飞行均容易实现。它抗风能力强,类型较多,能同时搭载多种遥感传感器。它的起降需要比较空旷的场地,适合林业和草场监测、土地利用监测以及水利、电力等领域的应用。

Vehicle Remote Sensing），是利用先进的无人驾驶飞行器技术、遥感传感器技术等，具有自动化、智能化、专用化快速获取资源、环境等空间遥感信息，完成遥感数据处理、建模和应用分析的应用技术。无人机分为固定翼型遥感无人机、无人驾驶直升机两大类。

如图 2-17 所示，固定翼遥感无人机操作简单、轻巧灵便，可以通过机身携带的照相机对区域内的农田、水利生产进行航拍，并组成整幅实景图，通过对比分析，进行实时监控。有了固定翼遥感无人机，农民伯伯便可以轻松精准地把握植物的生长状况了！

图 2-17　固定翼遥感无人机

智能温室

科学家们现在在研究运用可穿戴设备，开发一个智能温室，人们在带上眼镜的时候，犹如真正进入到了一个智能化的温室，人们可以通过走动来看到温室内部的作物种植情况、先进的智能农业机械设备的使用情况，还能在温室中漫游，体验现代科技给农业带来的巨大变化。

那么什么是智能温室呢？智能

知识小助手

　　可穿戴设备多以具备部分计算功能、可连接手机及各类终端的便携式配件的形式存在，主流的产品形态包括以手腕为支撑的 watch 类（包括手表和腕带等产品）、以脚为支撑的 shoes 类（包括鞋、袜子等）、以头部为支撑的 Glass 类（包括眼镜、头盔等）。

温室是指配备了由计算机控制的可移动天窗、保温系统、升温系统、喷滴灌系统等自动化设施,基于农业温室环境的高科技"智能"温室。

当我们带上一个特殊的眼镜进入温室后,就可以看到每个植物的生长情况,它们是不是缺水,是不是不适应当前的温度,目前的光照是否合适……过去我们不敢想象这一切,因为有了科学技术的发展这一切真的会发生。

这里提到的可穿戴设备,就是直接穿在身上,或是整合到用户的衣服或配件的一种便携式设备。如图 2-18 所示,可穿戴设备不仅仅是一种硬件设备,更是通过软件支持以及数据交互、云端交互来实现强大的功能。可穿戴设备将会给我们带来一个立体智能的世界,这样通过佩戴可穿戴设备就可以看到植物生长情况的场景也就不难实现了。

图 2-18　可穿戴设备

我们都知道,物联网是信息产业的第三次浪潮,它在农业中的应用将会解决一系列科学技术问题。将物联网应用到农业监测系统中已经是目前的发展趋势,它将采集到的光照强度、土壤水分、植物生长状况等农业信息进行处理,为植物的各个时期提供信息支持。

我们期待可穿戴设备和智能温室相结合来碰撞出与众不同的"智能"世界!

无人机

在农业生产中,病虫害是严重制约农业可持续发展的重要因素之一,化学防治是一项最重要的防治手段。无人机低空施药作为一种新型防治病虫害的手段,相比传统的地面施药和有人驾驶飞机施药有其独特的优势。

那么如何使用无人机呢? 如图 2-19 所示,人们只需在无人机上装好农药并在遥控器上确定好喷药面积,无人机即可在设定好的种植区域上空作业,所到之处螺旋桨快速旋转让农作物叶子全部翻动起来,这样一来,叶子上下两面都能被打上农药,即使有虫子藏在下面,也不能幸免。可见无人机的威力!

图 2-19　无人机

经过上面几个例子的介绍,你有没有对科技在农业方面的应用感到惊叹呢? 伴随我国科学技术的不断发展,不少优势技术逐步向农业、林业等行业发展,这能够较好地满足我们农业对高科技智能产品的需求,使陈旧的农业作业发生翻天覆地的变化!

网络的"升级版"——物联网

现如今,生活中的我们处处离不开网络,网络的到来使我们的生活有了翻天覆地的变化。它方便了我们的生活,也拉近了人与人之间的距离。同时,信息时代的到来让我们每个人都可以足不出户便知天下事。随着社会经济以及信息的不断发展,物联网逐渐地走进我们的视野。那么,物联网究竟为我们带来了什么样的改变?

随着计算机的出现和逐步普及,信息对整个社会的影响提高到了一种绝对重要的地位。这激发了网络经济新的活力,使互联网成为信息库和信息交换中心,使我们的教育、经济、科学以及生活等都发生了巨大改变。

那么互联网究竟给我们的生活带来了多大的改变呢?现如今,当我们与家人朋友联络时,更多的是通过电脑或手机 APP;当我们需要购买商品时,同样会连接网络来上网购物;当我们需要查阅资料时,会打开电脑上网查阅……现在的我们只要动动手指连接上网,真的可以不走远路方知天下事!

我们和互联网已经息息相关,在生活中有没有听说过物联网呢?提到物联网,大家想到的可能是可穿戴设备。除此之外,物联网更多地运用在车联网、智能电网、移动支付、远程监测等领域。前面提到的车联网、智能家居、智能照明等就是基于物联网的一部分应用。那么究竟什么是物联网?物联网为我们的生活增添了什么新的体验?

物联网这个概念,在美国早在 1999 年就

知识小助手

互联网,或音译为因特网,是网络与网络之间所串连成的庞大网络,这些网络以一组通用的协议相连,形成逻辑上的单一巨大国际网络。这种将计算机网络互相连接在一起的方法可称作"网络互连",在此基础上发展出覆盖全世界的全球性互联网络称为互联网,即互相连接一起的网络结构。

提出来了,它又叫传感网(如图 2-20 所示)。从技术角度讲,物联网的定义是通过射频识别(RFID)、红外感应器、全球定位系统、激光扫描仪等信息传感设备,按约定的协议,把任意物品与互联网相连接,进行信息交换和通信,以实现智能化识别、定位、跟踪、监控和管理的一种网络概念。物联网是新一代信息技术的重要组成部分,也是"信息化"时代的重要发展阶段。通俗地讲,物联网就是物物相连的互联网。这有两层意思:其一,物联网的核心和基础仍然是互联网,是在互联网基础上的延伸和扩展的网络;其二,其用户端延伸和扩展到了任何物品与物品之间,进行信息交换和通信。物联网通过智能感知、识别技术等通信感知技术,广泛应用于网络的融合中,也因此被称为继计算机、互联网之后世界信息产业发展的第三次浪潮。

图 2-20 物联网

物联网是互联网的应用拓展,与其说物联网是网络,不如说物联网是业务和应用。因此,物联网发展的核心是应用创新,物联网发展的灵魂是以用户体验为核心的创新 2.0。

那么物联网经过了怎样的发展呢?早在 1999 年,美国麻省理工学院提出了"万物皆可通过网络互联",阐明了物联网的基本含义。

知识小助手

创新 2.0 是指信息时代、知识社会的创新形态。创新 1.0 是指工业时代的创新形态。它的应用使人们了解由于信息通信技术的发展,从专业科技人员研发出科技创新成果后用户被动使用到用户直接或通过共同创新平台参与技术创新成果的研发和推广应用全过程。它是面向知识社会的下一代创新。

2008 年后,为了促进科技发展,寻找经济新的增长点,各国政府开始重视下一代的技术规划,将目光放在了物联网上。同年在中国提出物联网技术的发展代表着新一代信息技术的形成。2009 年,物联网在中国受到了全社会极大的关注,物联网的概念也已经是一个"中国制造"的概念,物联网作为一个新经济增长点的战略新兴产业,将会有更好的发展。

那么物联网关键的专业技术是什么呢?简单讲,物联网是物与物、人与物之间的信息传递与控制。在物联网应用中有三项关键技术。

(1)传感器技术,这也是计算机应用中的关键技术。大家都知道,到目前为止绝大部分计算机处理的都是数字信号。自从有计算机以来就需要传感器把模拟信号转换成数字信号,计算机才能处理。

(2)RFID 标签也是一种传感器技术,RFID 技术是融合无线射频技术和嵌入式技术为一体的综合技术,RFID 在自动识别、物品物流管理方面有着广阔的应用前景。

> **知识小助手**
>
> RFID(Radio Frequency Identific-ation,射频识别)技术是一种通信技术,可通过无线电信号识别特定目标并读写相关数据,无须识别系统与特定目标之间建立机械或光学接触。RFID 技术应用很广,如图书馆、门禁系统、食品安全溯源等。

(3)嵌入式系统技术,这是综合了计算机软硬件、传感器技术、集成电路技术、电子应用技术为一体的复杂技术。经过几十年的演变,以嵌入式系统为特征的智能终端产品随处可见,小到人们身边的 MP3,大到航天航空的卫星系统。嵌入式系统正在改变着人们的生活,推动着工业生产以及国防工业的发展。

物联网有广泛的用途,遍及智能交通、智能家居、智能农业、智能物流、智能安防、智能电网等多个领域,如图 2-21 所示。

智能交通实现了红绿灯控制车流量,而物联网交通则变革成车流量控制红绿灯;智能安防以事后追踪为主,物联网安防则变革成事前预警、防患于未然;RFID 射频标签很难做到食品溯源,它解决不了食品生产加工过程监督、中途调包、仓储物流过程中变质等问题,这需要物联网才能做到全程无遗漏环节

图 2-21　物联网应用

的监管。物联网确实让我们的实体世界管理产生了根本的变革。

当真实世界与虚拟世界相融合,所有物品都变得智能,并与互联网相连时,我们需要放眼未来,大胆想象在此背景下的各种新可能。所有设备都接入互联网时,我们体会着不可想象的变化。现在,没有人会携带索尼随身听或是磁带出门了,苹果的 iPod 早已取而代之,我们接触音乐的渠道也换成了在线商店。

下面介绍一些物联网方面的小应用。

火车已经成为我们出行选择的最普遍的方式。那你是否知道火车上也有物联网的应用。在列车的每一节车厢均装置一个 RFID 芯片,在铁路两侧相互间隔一段距离放置一个读写器,这样,技术人员就可以随时掌握全国所有的列车在铁路线路上所处的位置,便于列车的跟踪、调度和安全控制。

我们都知道每个成年公民都拥有一张身份证,我国第二代身份证最显著的进步是在卡的内部装有更富科技含量的 RFID 芯片。芯片可以存储个人的基本信息,需要时在读写器上一扫,即可显示出你身份的基本信息,而且可以做到有效防伪。这样是不是就方便了很多呢?另外,大部分高校学生证的火车优惠卡里也有可读写的 RFID 芯片,里面存储了该用户列车使用次数的信息,这样便有效地加强了管理。除此之外,像市政一卡通、校园一卡通等都是物联网简单的应用。

近几年,物流行业在我国得到了突飞猛进的发展。与此同时,物联网也逐步地运用到了物流行业中,打造行业中的智能物流。如图 2-22 所示,智能物流就是利用条形码、射频识别技术、传感器、全球定位系统等先进的物联网技术广泛应用于物流业运输、仓储、配送、包装、装卸等基本活动环节,从而实现货物运输过程的自动化运作和高效率优化管理,同时这样也提高了物流行业的服务水平,降低了成本,减少了自然资源和社会资源消耗。物联网为物流业将传统物流技术与智能化系统运作管理相结合提供了一个很好的平台,进而能够更好更快地实现智能物流的智能化、自动化、透明化系统的运作模式。

图 2-22　物联网在物流中的应用

　　二维码(如图 2-23)作为物联网时代的先行者广泛运用于不同领域。例如应用于物流业。当商品入库时,通过读取商品上的二维条码标签就能录入商品的相关信息;当商品出库时,同样通过扫描二维码标签对出库商品信息确认并更改库存数据库信息。在物流配送前通过二维码的录入将商品信息、客户订单详情等下载到移动设备中;送达时通过扫描二维码确认商品签收等。

　　二维码在智能手机和移动互联领域起着重要的作用:它可以是绿色环保的二维码名片,是手机支付的一种方式,是广告互动的一种方式,也是信息认证的可靠工具。比如在食品的外包装上印上二维码,通过这个二维码像给这个食品一个"身份证"一样,可以进行从原材料到最后投入市场的一系列追踪。在旅游和交通问题上,比如初到一个陌生城市,想知道自己所在的公交站或地铁站附近的交通或食宿情况,只要对着站牌上的二维码拍照识别,相关信息就会自动发送到手机上,简单又方便!

图 2-23　二维码

通过以上对物联网的介绍,你有没有对物联网有更深一步的认识呢?相信在未来,由物联网实现的"万物相连",会将我们生活中的各个方面便捷化、一体化!

智能生活"新体验"——智能家居

　　进入 21 世纪,科技迅猛发展,人类如今已进入信息时代,诸如平板电脑、智能手机这些小巧便携的电子设备已经走进了千家万户,成为你我生活中不可或缺的亲密伙伴。那么信息科技还有什么使我们的生活变得智能又方便呢? 不得不提的就是近几年兴起的智能家居,它极大地体现了科技对我们的生活带来的改变,与此同时,相伴的许多智能技术也逐渐走进了大家的视野。

　　曾经的某一天,你是否期待过出门在外我们也可以随时查看家里的情况? 回家的路上就可以打开家里的空调和热水器? 早晨起床我们用遥控器便可以自动拉窗帘、打开音响? 有了智能家居,这一切已经不再是一个奢望,而是我们真实的生活写照!

　　随着中国社会科技的进步和经济的迅猛发展,住宅小区在满足场所和居住要求的同时,居住安全、便捷智能、人文与科技共融共生的智能化小区时代已经到来,如图 2-24 所示。近年来,中国的许多城市都在大力兴建"智能小区"。那么什么样的小区才能称为智能小区呢?

　　从技术角度讲,智能小区是指利用现代通信网络技术、计算机技术、自动控制技术等,通过有效的传输网络,建立一个由住宅综合物业管理中心与小区安防系统、信息服务系统以及智能家居组成的住宅小区服务和管理集成系统,使小区与每个家庭都能达到安全、舒适、温馨和便捷的生活标准。智能小区为住户提供了一种安全、舒适、方便、快捷和开放的信息化生活空间,并依托先进的科学技术,实现小区物业管理运行的高效、互动和快捷。除此之外,智能小区在低碳、节能方面有突出的优势。这样看来,小区智能化发展的前景会越来越好!

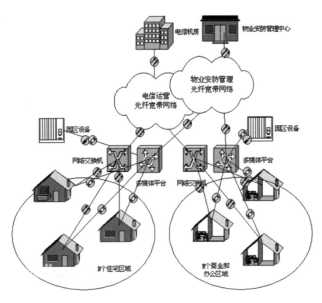

图 2-24　智能小区

对智能小区中的家庭来说，明显改变他们生活的是智能家居的出现。那么什么是智能家居呢？智能家居（smart home，home automation）是以住宅为平台，利用综合布线技术、网络通信技术、安全防范技术等，通过物联网技术将家中的各种设备（如音视频设备、照明系统、安防系统等）连接到一起，提供照明控制、远程遥控、防盗报警等多种功能，构建高效的住宅设施与家庭日程事务的管理系统，从而提升家居安全性、便利性、舒适性，并实现环保节能的居住环境。通俗地讲，智能家居就是利用一些复杂的高科技手段以及网络来为我们提供更舒适、便捷、安全、高品质的生活环境。

知识小助手

物联网（Internet of things）就是物物相连的互联网。其一，物联网是在互联网基础上的延伸和扩展的网络；其二，其用户端延伸和扩展到了任何物品与物品之间，进行信息交换和通信。物联网通过智能感知、识别技术与普适计算等通信感知技术，广泛应用于网络的融合中，也因此被称为继计算机、互联网之后世界信息产业发展的第三次浪潮。

在技术方面,智能家居是一个典型的 3C(Computer,Communication,Consumer)系统,所谓的 3C 系统,就是集计算机、通信、消费于一体的一个巨型网络终端。简而言之,就是实现手机、照明系统、家电系统、计算机等的互联,实现远程监测和实时信息交换,见图 2-25。

图 2-25　智能监控

那么智能家居的主要功能有什么呢? 智能家居的功能主要包括以下三个方面:

1. 为我们的家庭安全"保驾护航"

我们都知道,传统的家庭安全防范概念,就是装上坚固而又笨重的防盗门、窗、锁,把我们的家关在一个"笼"内,用这个"笼"来抵御外来入侵者。但随着犯罪分子作案手段的多样化,传统的防护手段已难以适应现代家庭安全防范的需要。因而 我们迫切需要高科技智能化的家庭安全防范系统(见图 2-26),来"保护"我们生命和财产的安全。

智能家居中安全防护系统主要包括家居报警以及突发状况求助等。报警又包括防盗报警、火灾报警和煤气泄露报警等。家庭中所有的安全探测装置,如消防类(烟感、煤气泄漏报警器等)、防盗类(门磁、窗磁、各种监测器、防盗幕帘、紧急求救按钮等),都连接到家庭智能终端,对其状态进行监测。当发生警报时,家庭智能终端将根据警情进行各种操作,包括:启动警铃和联动设备、拨打设定的报警电话等。若与社区系统相连,还可同时把警情送往小区监控服务器。当我们遇到紧急状况,如盗窃、火灾、煤气泄漏等时,系统发出报警,通知户主以及保安,确保第一时间得知险情。除此之外,你还可以随时随地远程观察室内外的闭路监控点的影像,并支持影像回放功能。一旦发现有人擅自闯入,系统将自动报警,通知户主和保安以保证家庭安全。这么说来,安全防护系统代替了原始的钢筋防盗网,并在此基础上对我们的家庭给予更大的守护和防范,为我们的家居生活增添了安全性和舒适性!

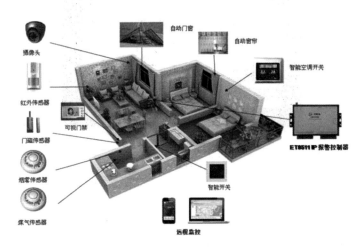

图 2-26 智能家居安防系统

2. 为我们的家庭生活增添乐趣与舒适

如果把电脑屏幕上的电影传输到客厅大电视或是投影仪上,那样看起来是不是才过瘾?如果在家就可以和家人朋友享受电影院、KTV、酒吧、游戏室的感觉,在家里就可以享受无与伦比的视听盛宴,是不是很期待?"数字娱乐"(见图 2-27)是利用书房电脑作为家庭娱乐的播放中心,客厅或主卧大屏幕电视机上播放和显示的内容来源于互联网上海量的音乐资源、影视资源、电视资源、游戏资源等。除此之外,你还可以在任何一间房子里,包括厨房、卫生间和阳台,均布上背景音乐线,让每个房间都听到美妙的背景音乐,你可以将音乐轻轻地广播到每一个房间,用音乐来迎接美好的新的一天。

图 2-27　数字娱乐

3. 为我们的生活带来智能与便捷

家庭自动控制系统可以对家庭电器(电灯、电视、空调、冰箱等)自动控制。比如在家时,我们可以使用遥控器来控制家中灯光、热水器、电动窗帘、饮水机、空调等设备的开启和关闭;通过遥控器的显示屏可以在一楼(或客厅)来查询并显示二楼(或卧室)灯光电器的开启关闭状态;同时遥控器还可以控制家中的红外电器,诸如电视、音响等红外电器设备。试想,你只需要使用遥控器就可以选择预设的灯光场景,读书时营造书房安静的舒适感,聚会时营造热烈的活力感……是不是很值得期待?

智能家居为我们的生活增添了这么多乐趣,那么智能家居又是从什么时候兴起的呢? 智能家居概念的起源很早:20 世纪 80 年代初,随着大量采用电子技术的家用电器面市,住宅电子化开始实现;80 年代中期,将家用电器、通信设备与安全防范设备各自独立的功能综合在一起,又形成了住宅自动化概念;80 年代末,由于通信与信息技术的发展,出现了通过总线技术对住宅中各种通信、家电、安防设备进行监控与管理的商用系统,这在美国被称为 Smart Home,也就是现在智能家居的原型。经过上面的介绍,我们是不是对智能家居的发展有了一定的了解呢?

在我国,智能家居的发展与美欧等发达国家相比,起步要稍微晚一些。但是近几年智能家居在我国也得到了迅猛发展,越来越多的家居开始引进智能化系统和设备,同时智能化系统涵盖的内容也从单纯的方式向多种方式相结合的方向发展。智能家居不但具有传统意义上的居住功能,更为重要的是为人们提供一个安全舒适的家庭生活空间。

最近几年数字通信技术、网络技术迅猛发展,人们越来越渴望享受更方便、更快捷、更智能、更舒适的数字智能家居生活,传统家居生活中,很多家电,如空调、彩电、家庭影院等都是用遥控器控制开关、选节目,目前大多数家庭使用遥控器或电脑作为智能家居控制终端,如图 2-28 所示。有没有想过使用你手中的手机控制这些家用电器呢?随着智能手机的出现和无线通信技术的不断发展,智能家居不但改变了原来开墙凿洞的布线方式,也改变了原来的操作方式,现在利用智能手机的软件来实现远程控

> **知识小助手**
>
> 人脸识别技术融合了计算机图像处理技术与生物统计学原理,利用计算机图像处理技术从视频中提取人像特征点,利用生物统计学的原理进行分析建立数学模型,即人脸特征模板。利用模板与被测者的人的面像进行特征分析,根据分析的结果来给出一个相似值。通过这个值即可确定是否为同一人。

制、场景控制、联动控制等。如图 2-29 所示,智能手机通过操作智能家居软件来实现对智能家居的控制,使其本身成为智能家居的"遥控器"和"监视器"。手机作为智能家居控制终端已不是梦想,智能家居的发展可让我们实现对生活的向往,让我们享受智能家居带来的新生活!

在回家的路上提前打开家中的空调和热水器;到家开门时,我们通过人脸识别门禁自动打开电子门锁,安防撤防,同时开启家中的照明灯具;在家时,我们可以使用遥控器更方便地控制房间内的各种电器设备,可以通过智能化照明系统选择预设的灯光场景,读书时营造书房安静的舒适感,个性化灯光环境照明;工作时我们可以进行宠物定位,随时看护宠物的行动;我们还可以享受智能生活用品订购物流及快递服务……想拥有这种全新的生活体验方式,就

得依靠智能家居系统。智能生活就是这么简单又舒适。在科学技术高速发展的今天,智能家居将会成为一种潮流的趋势,或许在不久的将来就会像手机和网络一样普及,而且这个"将来"真的会很快到来!

图 2-28　智能终端

图 2-29　手机作为智能家居的"遥控器"

第三单元　互联信息

三维扫描

《阿凡达》、《贝奥武夫》、《猩球崛起》这些耳熟能详的电影塑造了一个个生灵活现的电影人物。阿凡达、蜘蛛侠、魔界中的咕噜等这些科幻人物单靠演员化妆和特效 CG 当然是不可能逼真地呈现在大荧幕上的，那么这些人物是如何被塑造的呢？答案就是：三维扫描。

三维扫描是集光、机、电和计算机技术于一体的高新技术，主要用于对物体空间外形和结构及色彩进行扫描，以获得物体表面的空间坐标。它的重要意义在于能够将实物的立体信息转换为计算机能直接处理的数字信号，为实物数字化提供了相当方便快捷的手段。三维扫描技术能实现非接触测量，且具有速度快、精度高的优点，而且其测量结果能直接与多种软件接口。

我们都知道要唯一确定地标识一个物体，需要为这个物体建立一个三维坐标，然后将物体表面的点精确地标识在坐标内。过去我们用这种方法可以将形状简单的物体在计算机中建模。现在在发达国家的制造业中，三维扫描仪作为一种快速的立体测量设备，因其测量速度快、精度高、非接触、使用方便等优点而得到越来越多的应用。三维扫描仪对模板、样品、模型进行扫描，可以得到其立体尺寸数据，这些数据能直接与 CAD/CAM 软件接口，在 CAD 系

知识小助手

结构光扫描仪——

光学三维扫描系统是将光栅连续投射到物体表面，摄像头同步采集图像，然后对图像进行计算，并利用相位稳步极线实现两幅图像上的三维空间坐标(X, Y, Z)，从而实现对物体表面三维轮廓的测量。

相位测量——

正弦信号经过不同的时间或不同的网络后可以有不同的相位。通常所谓相位测量是指对两个同频率信号之间相位差的测量。最常见的是对网络输入与输出信号的相位差，即网络相移的测量。能提供固定或可变相移量的无耗二端口网络称为固定或可变移相器。

统中可以对数据进行调整、修补，再送到加工中心或快速成型设备上制造，可以极大地缩短产品制造周期。

三维扫描仪

采用结合结构光技术、相位测量技术、计算机视觉技术的复合三维非接触式测量技术的三维扫描仪，称为"结构光三维扫描仪"。这种测量仪使得对物体进行照相测量成为可能。照相机摄取的是物体的二维图像，而研制的测量仪获得的是物体的三维信息。

三维扫描技术还有激光扫描技术和三坐标技术。

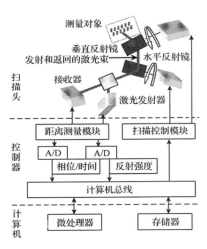

图 3-1　激光扫描仪

如图 3-1 所示，激光扫描仪的原理：激光扫描仪的计算基础是时间，激光扫描仪必须采用一个稳定度及精度良好的旋转马达，当光束打（射）到由马达所带动的多面棱规反射而形成扫描光束。由于多面棱规位于扫描透镜的前焦面上，并均匀旋转使激光束对反射镜而言，其入射角相对地连续性改变，因而反射角也作连续性改变，经由扫描透镜的作用，形成一平行且连续由上而下的扫描线。根据扫描线的接收时间、接收位置经计算后，能在电脑内产生物体的三维信息。

激光扫描广泛应用在铁路铁轨、汽车制造、精密机械零件、电子元件的检测工艺中。

如图 3-2 所示，三坐标技术的原理：三坐标测量机是由三个互相垂直的运动轴 X、Y、Z 建立起的一个直角坐标系，测头的一切运动都在这个坐标系中进行，测头的运动轨迹由测球中心来表示。测量时，测球沿着工件的几何型面移动时，就可以精确地计算出被测工件的几何尺寸、现状和位置公差等。

三维扫描仪主要用于机械、汽车、航空、军工、家具、工具原型、机器等中小型配件、模具等行业中的箱体、机架、齿轮、凸轮、蜗轮、蜗杆、叶片、曲线、曲面等的测量，还可用于电子、五金、塑胶等行业中，可以对工件的尺寸、形状和形位公差进行精密检测，从而完成零件检测、外形测量、过程控制等任务。

部分科幻电影制作就是采用三维扫描系统，将真人扫描形成 1∶1 的 3D 数字人物，无论体型、肤质甚至表情都与真人几乎一样，精度可以精确到毛孔。通过不同的任务采样，塑造出科幻气息浓郁、未来感十足威风凛凛的视觉效果，如图 3-3 所示。

图 3-2　三坐标技术

图 3-3　三维科幻人物仿真

3D 打印

3D 打印是快速成型技术的一种，它与普通打印工作原理基本相同，打印机内装有液体或粉末等"打印材料"，与电脑连接后，通过电脑控制把"打印材料"一层层叠加起来，最终把计算机上的蓝图变成实物。

传统的制造技术，如注塑法，可以以较低的成本大量制造聚合物产品，而 3D 打印技术则可以以更快、更有弹性以及更低成本的办法生产数量相对较少的产品。

目前 3D 打印机的打印过程是用激光器在一个见光即可转化成固体的液体材料中刻出一个图案，生产出物品的每一个层面。通常在生成一个层面后，激光器不得不被关掉，以便让更多的液体材料充分散开，为制造下一个层面做准备。

《科技日报》华盛顿2015年3月25日电，美国研究人员新近研制出一款新型3D打印机。其关键是对液体材料进行改造，使之不至于见光时立即固化。研究人员使用一种稀薄的氧层，让它临时阻止液体材料固化过程的发生，使得材料层面的制造保持连续性。依此使打印速度是目前3D打印机的25～100倍。

观察者网电中国研制出全球首台3D血管打印机。3D生物打印的核心技术是生物砖（Biosynsphere），即一种新型的精准的具有仿生功能的干细胞培养体系。它以含种子细胞（干细胞、已分化细胞等）、生长因子和营养成分等组成的"生物墨汁"，结合其他材料层层打印出产品，经打印后培育处理，形成有生理功能的组织结构。"截然不同

> ### 知识小助手
>
> 3D打印的设计过程是：先通过计算机建模软件建模，再将建成的3D模型"分区"成逐层的截面，即切片。
>
> 打印机打出的截面的厚度（即Z方向）以及平面方向（即X-Y方向）的分辨率是以dpi（像素每英寸）或者微米来计算的。一般的厚度为100微米。
>
> 3D打印机的分辨率对大多数应用来说已经足够（在弯曲的表面可能会比较粗糙，像图像上的锯齿一样），要获得更高分辨率的物品可以通过如下方法：先用当前的3D打印机打出稍大一点的物体，再稍微经过表面打磨即可得到表面光滑的"高分辨率"物品。

于使用钛合金、生物陶瓷、高分子聚合物等原材料的工业3D打印，比如打印假牙、假肢，甚至汽车、房屋等。两者根本性的区别在于活性。即3D生物打印是打印出含有细胞成分并具有生物学活性的产品。"该公司董事长任东川说。

3D蜡像馆也是使用3D打印的原理。蜡像的原材料是以天然蜡为主要成分，经溶剂脱蜡脱油等工艺精制而成。蜡像具有比任何其他艺术形式更为苛刻的要求，要真正达到酷似真人，要给他们栽眉毛、种胡须、做头发、穿衣服，历经3～10个月才能完成。蜡像是仿真的艺术，逼真是它最重要的特点。然而这么复杂的一个过程，在今天其实只要简单的几步就能通过3D打印机做出

图 3-4　3D 蜡像制作的迈克尔·杰克逊

来，扫描、建模、打印，就能完成，并且成本和时间都节约了很多，图 3-4 展示了一个 3D 蜡像打印的成品。虽然有很多人表示 3D 打印出的蜡像只能在形状上完美还原，却不能描绘出真人的神态和风采，但是随着科技的发展，3D 打印技术能够运用在生活的方方面面更好地还原生活形态。

3D 博物馆

3D 博物馆是社会历史文化的重要载体，是理解过去、思考当下、启示未来的重要公共文化场所。目前，我国已有博物馆 4165 家，馆藏文物约 3505 万件，已成为领略中华文化、实现社会公众教育和科学研究等的重要场所。在信息技术革命的带动下，物联网、云计算、大数据和移动通讯技术的兴起与发展，用数字化信息技术记录和传承历史，将成为今后的历史学的发展趋势。

当你走进博物馆，面对的不是一个个冰冷的橱窗，而是通过数字化虚拟出来的古代世界，橱窗里的文物摆放在它千百年前所在的位置，甚至可以看到古人在你身边徜徉，你可以在这样的场景中拍照，从他们口中听到曾经发生的故事……。

这已不是未来智慧博物馆中某一角落的缩影。2015 年 7 月 7 日国内首个 3D 抗战纪念馆（见图 3-5），山东抗日战争纪念馆暨山东抗日战争主题博物馆正式开馆。网上山东抗战纪念馆通

知识小助手

全息技术是利用光波干涉和衍射原理记录并再现物体真实的三维图像的记录和再现的技术。其第一步是利用干涉原理记录物体光波信息，此即拍摄过程：被摄物体在激光辐照下形成漫射式的物光束；另一部分激光作为参考光束射到全息底片上，和物光束叠加产生干涉，把物体光波上各点的位相和振幅转换成在空间上变化的强度，从而利用干涉条纹间的反差和间隔将物体光波的全部信息记录下来。

过 3D 技术实景虚拟展馆、手机、网页版等多形式,中、英、日、韩多语种,以及融媒体手段再现山东抗日战争的历史。

图 3-5　抗日战争主题博物馆的一角

传统实体博物馆因技术、展陈能力的限制以及出于对文物保护的考虑,大量藏品没有展出的机会,因此,3D 博物馆应运而生。系统还会将文物进行 3D 扫描,随后利用全息影像立体呈现在大众视角,博物馆会在信息化的时代下呈现出更精彩的一面。

看完上面这些你是否会惊叹科学的神奇,三维扫描技术打破了我们传统的接受事物的方式,让我们日常所见所想基本都能以三维坐标呈现在我们眼前,这既是我们日常接触的,又是我们难以想象的。你是否已经开始期待 3D 时代的到来了呢?

数据之光

2012 年 2 月,《华尔街日报》曾发表文章《科技变革即将引领新的经济繁荣》大胆预见:"当今很快将掀起大数据、智能制造和无线网络革命这三场宏大的技术变革。"而实现的必备途径之一是要拥有更快的运算速度和长期可靠存储信息的装置。

3D 闪存技术

智能手机和平板的内置容量在海量 APP 和照片、视频、音乐等本地数据的压力下捉襟见肘。消费者购买笔记本电脑时不得不在便宜量大但读写慢的硬盘和读取快速但价格昂贵的 SSD 之间选择。Micron和 Intel 开始合作生产新一代闪存芯片,容量是三星最高端产品的 3倍。同时,东芝也宣布了一款媲美三星产品容量的芯片。竞争是好事,可以维持价格压力。

Intel、Micron 和东芝三家厂商将推动闪存技术的进步,在保证快速读写的同时,提供媲美机械硬盘的巨大容量。该技术将应用于智能手机、平板电脑和高端笔记本电脑上。

知识小助手

标准化数据中心数据存储容量很难只通过磁盘存储来单独创建。介质依赖于磁盘盘片之间的相互作用,读/写头需要智能磁盘控制器进行调解以管理不同工作负载的需求。闪存(FlashMemory)是一种长寿命的非易失性(在断电情况下仍能保持所存储的数据信息)的存储器,数据删除不是以单个字节为单位而是以固定的区块为单位。

闪存数据存储的数据管理方法不同于硬盘。闪存数据存储是直接访问存储架构;不需要通过磁头寻找正确的磁盘区域来检索数据,所以没有延时。数据存储管理速度的优势意味着闪存可以应用在相同阵列的不同工作负载类型上。

Intel 表示新的闪存芯片可以为台式计算机提供口香糖大小,容量 3.5TB 的闪存驱动器。如今高端的笔记本自带的 SSD 也就 1TB,已经是非常昂贵的配置。但是随着新型闪存存储器进入市场,低端计算机上也能配置大容量闪存存储。

两款最新芯片的设计和去年三星公司发布的芯片一样都采用了类似的技术,名为 3D 堆栈(3D stacking)。该设计的原理基本上可以理解为模仿摩天大楼。图 3-6 是一块芯片的展示。

图 3-6　3D 堆栈芯片

Intel-Micron 给出了两种实现方案:第一种是 2bit 256Gb,第二种是 3bit 384Gb。东芝给出的方案是 2bit 128Gb 芯片,不过东芝公司也表示 3bit 技术对于公司的研发是至关重要的。

目前闪存容量的扩增依赖于在二维平面芯片上安放更多的存储单元,Intel-Micron 的方案堆栈了 32 层闪存存储单元,东芝则更多一些,达到了 48 层。三家公司希望今年晚些时候能发放最终产品。闪存存储是一个很大的不断增长的市场,今年在闪存市场的支出有望达到 274 亿美元,2016 年有望达到 292 亿美元。然而由于单位 Gb 成本的快速下跌,这个市场的竞争也非常激烈。

Intel 没有透露单个存储芯片的尺寸,但是据 Intel 表示,一个 16bit 芯片 768GB 闪存的封装也就指尖大小。

世界首个非易失性光学存储设备

据物理学家组织网近日报道,一个国际研究团队传来好消息,他们研发出世界上第一个或可长期存储数据且完全基于光的存储芯片。该装置可使用 CD 和 DVD 材料制造,并大大提高计算运行速度。

牛津大学的哈瑞教授说:"现在的计算机在处理器(CPU)和内存之间的电子数据传输速度相对缓慢。如果限制因素是从存储器中来回穿梭的信息,即所谓冯·诺依曼瓶颈,使用更快的处理器实际上没有什么意义。而我们认为采用光可以大大加快这一速度。"

　　而简单地采用光子在 CPU 和存储器间的鸿沟上架起桥梁并不会出效率,因为需要在每一个末端把它们转换成电子信号。相反内存和处理能力也需要以光为基础。之前研究人员已经尝试创建这种光子记忆设备,但结果总是不稳定,因为存储数据需要电源。而对于许多应用设备,如计算机磁盘驱动器,带或不带电源都能够无限期地存储数据是必不可少的。这项研究主攻两个方面:实现长久存储数据和提高计算运行速度。

知识小助手

冯·诺依曼瓶颈指在现代计算机中,CPU 和存储器之间的流量(数据传输率)与存储器的容量比起来相当小,在某些情况下,当 CPU 需要在巨大的数据上运行一些简单指令时,数据流量严重限制了整体效率的发挥。CPU 则会在数据输入或输出存储器时闲置。由于 CPU 速度远大于存储器读写速率,因此瓶颈问题越来越严重。

　　现在,这个国际研究团队生产出世界上第一个非易失性光学存储器,采用的是相变材料 Ge2Sb2Te5(GST)来存储数据,其与可擦写 CD 和 DVD 的材料相同。通过使用电子或光学脉冲,这种材料可以被制成无定形状态,像玻璃或晶体状态,亦像金属。研究证明,强烈的光脉冲通过波导发送可以缜密地改变 GST 状态。一道强烈的脉冲可使它瞬间熔化、快速冷却,令其呈无定形结构;而轻微些的强脉冲会使其进入晶体状态。接着,当较低强度的光通过波导发送时,在 GST 状态的差异会影响光传输的多少。该小组测量出其中的差异,以确定其状态,并在 0 或 1 的情况下读取存在的信息。

　　"这是至今为止创建的第一个真正的非易失性集成光学存储装置。我们已经实现了用现有材料长期保留数据,GST 可存放几十年。"

　　在存储速度方面,该研究团队在同一时间通过波导发送不同波长的光,这是一种波分复用技术,并且,他们使用单一的脉冲在存储器同时读和写,这意味着我们可以一次读取和写入数千位的数据。

　　不同强度的脉冲可以准确反复地在 GST 中创建无定形和结晶结构的不

同混合物。当低强度脉冲通过波导被发送到读取内容的设备,它们也能够在透射光里检测到细微的差异,允许其能够可靠地写入和读出 8 个不同组成状态:从完全结晶状态到非完全晶态。这种多状态的能力可以提供给内存单元超过通常二进制 0 和 1 的信息,允许一个单一的存储器存储几个状态,甚至进行计算,而不是在处理器里进行。这些光位可以用高达 1 千兆赫的频率写入,并提供巨大的带宽实现当今计算机对于超快速数据存储的需要,如图 3-7 所示。

图 3-7　利用光存储数据

目前,这个团队正致力于使这项新技术得到应用。他们特别感兴趣的是开发一种新的光电互连,以允许存储器芯片直接与其他组件使用光,而不是电信号。

高维固态量子存储器

中科院量子信息重点实验室在固态系统中首次实现对三维量子纠缠态的量子存储,保真度高达 99.1%,存储带宽达 1 千兆赫,存储效率为 20%,而且该存储器具有对高达 51 维的量子态的存储能力。

中科院 2012 年建立我国首个固态量子存储研究平台,并在国际上率先实现光子偏振态的两维固态量子存储,创造了 99.9% 的保真度这一世界最高水平。他们利用光的轨道角动量进行编码,首次研制出窄带高维纠缠光源,然后将此纠缠源存入固态量子存储器中,结果显示三维纠缠态的存储保真度达到 99.1%,可对高达 51 维的量子态进行有效存储。

高维轨道角动量存储技术可用于存储器的多模式存储，以提升量子网络的传输速率及未来量子 U 盘的存储容量。利用多模式存储，这种新颖量子存储器的存储容量有望超过 100 万个量子比特。该成果为固态量子存储器的集成化、规模化应用打下重要基础。

国内首款自主可控的安全存储产品

国内信息产业核心系统设备长期被国外巨头垄断，对于我国各领域信息安全构成潜在威胁。2015 年 7 月 22 日国内首款安全存储——UIT 创新科安全存储 SCS1000 系列产品正式亮相，此次推出的安全存储产品，搭载了国产申威高性能多核处理器和国产睿思操作系统，配备创新科自主研发的 UStore 存储系统，保证了整个产品的绝对自主知识产权。其中，申威高性能多核处理器采用对称多核结构和 SoC 技术，在保证与国外同类产品性能不变的情况下，该产品还具有绿色节能、简单易用、管理便捷等特点。目前创新科存储技术公司已经与中星微、中国网络电视台、中国电信等进行深度合作。

从核心器件到存储系统软件全部拥有自主知识产权，从主控板、磁盘管理到数据访问等多个方面进行安全强化，未来可广泛应用于政府办公、国防军工、航空航天等安全需求较高的领域。

近年来，信息安全问题已上升至国家层面，相关信息安全政策也相继出台，2001 年成立的创新科存储技术公司一直致力于安全存储领域，在分布式集群存储领域处于国际领先水平，提供从数据存储、数据安全到云存储和大数据服务的全线产品和技术。

知识小助手

远程量子纠缠是实现长程量子通信、分布式量子计算及量子精密计量等的核心资源。但由于光子在光纤中随距离指数损耗，量子纠缠分配的距离被限制在百公里量级。理论上可以基于纠缠光子的量子存储及纠缠交换技术构建量子中继，进而建立千公里量级的量子网络。然而受限于光源、存储器及探测器的效率等因素，量子网络预期传输速率非常低。提升传输速率的重要手段有两种，即对量子态进行高维编码，或者使用多模式量子存储器，但研究进展并不如意。

　　数据就在我们身边,从前我们只能靠纸笔文字来记录,之后我们用照片图像描绘,现在我们随身携带一只小小的 U 盘就能保存生活美好的瞬间。随着存储介质的不断发展,记录方式会变得更加多样,数据内容更加巨大。在我们老时来翻看年轻时的记录,这是件多么动人的事呢!

量子计算机

云，物联网，互联网＋，这些新型名词不断涌入我们耳中，它们所代表的新型技术在方方面面改变着我们的生活，改善着我们的生活质量。然而这些软件技术的发展离不开硬件技术的革新。让我们从逻辑思维转向物理知识的学习，领略晶体管、摩尔定律、量子计算机、光子计算机的神奇吧！

分子大小的晶体管

计算机是 20 世纪最先进的科学技术发明之一，对人类的生产活动和社会活动产生了极其重要的影响，并以强大的生命力飞速发展。它的应用领域从最初的军事科研应用扩展到社会的各个领域。计算机的规模从一开始的巨型笨重，向着更轻、更小、更快飞速发展。

我们知道计算机由芯片组成，芯片由数百万的晶体管组成。

《科技日报》北京 2015 年 7 月 22 日电（记者陈丹）：在一个砷化铟晶体上，12 个带正电的铟原子环绕着一个酞菁染料分子，这就是科学家最新研制的分子大小的晶体管。按照摩尔定律的硬限制，这很可能是一个晶体管所能达到的最小尺寸。

知识小助手
计算机的发展历史

到目前为止，几乎所有计算机的结构都按照冯·诺依曼（计算机之父）提出的结构组成。

第一代：电子管数字机（1946—1958 年）。硬件方面，逻辑元件采用的是真空电子管，主要应用在军工产业。

第二代：晶体管数字机（1958—1964 年）。逻辑元件是晶体管，开始进入工业控制领域，性能比第一代有很大提升。

第三代：集成电路数字机（1964—1970 年）。硬件方面，逻辑元件采用中、小规模集成电路，产品走向了通用化、系列化和标准化等。应用领域开始进入文字处理和图形图像处理领域。

第四代：大规模集成电路机（1970 年至今）。逻辑元件采用大规模和超大规模集成电路，每块半导体芯片可容纳数万乃至数百万个晶体管。

目前较先进的计算机有生物计算机、光子计算机、量子计算机等。

构成晶体管的每个铟原子的直径是 167 皮米（0.167 纳米），比目前的最小电路——IBM 公司刚刚推出的 7 纳米芯片（晶体管尺寸为 7 纳米）——要小42 倍。人类发丝厚度为 10 万纳米，大约是铟原子尺寸的 60 万倍；红血球直径6000 纳米，是它的 36 000 倍；甚至只有 2.5 纳米宽的 DNA 链，大小也达到了铟原子的 15 倍。

在这样的原子尺度上，电子流通常很难得到可靠的控制，电子会跳到晶体管外，导致晶体管无效。研究团队使用一个扫描隧道电子显微镜，将铟原子放置在精确位置上，并对通过栅极的电子流进行控制。通过精确控制原子来创建一个比现有任何其他量子系统都要小的晶体管是可能的，它也为进一步研究如何将这些微晶体管应用于处理能力超过目前水平几个数量级的计算机和系统打开了大门（砷化铟晶体管的中心是酞菁染料分子，其周围环绕着 12 个带正电的铟原子，如图 3-8所示）。

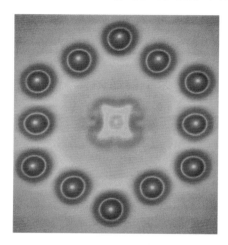

图 3-8　砷化铟晶体管的构造

摩尔定律说，集成电路上可容纳的元器件的数目约每隔 18 个月到 24 个月便会增加一倍，性能也将提升一倍。芯片上集成的晶体管越多，其功能越强大。目前最新款计算机芯片已经突破 7 纳米尺度，向更小型化发展越来越难。虽然单分子晶体管距离集成到芯片中还很遥远，但这项新研究仍将有助于下一代计算机——量子计算机的开发。

3D 碳纳米管计算机芯片

2015 年 9 月，美国研究人员表示，他们使用碳纳米管替代硅为原料，让存储器和处理器采用三维方式堆叠在一起，降低了数据在二者之间的时间，从而大幅提高了计算机芯片的处理速度，运用此方法研制出的 3D 芯片的运行速度有可能达到目前芯片的 1000 倍。

研究人员之一、斯坦福大学电子工程学博士生马克斯·夏拉克尔解释道，阻碍计算机运行速度的"拦路虎"在于，数据在处理器和存储器之间来回切换耗费了大量的时间和能量。然而，解决这个问题非常需要技巧。存储器和中央处理器（CPU）不能放在同一块晶圆上，因为硅基晶圆必须被加热到 1000 摄氏度左右；而硬件中的很多金属原件在此高温下就被融化了。但是碳纳米管具有重量轻、六边形结构连接完美的特点，能在低温下处理，与传统晶体管相比，其体积更小，传导性更强，并能支持快速开关，因此其性能和能耗表现远远好于传统硅材料。

但利用碳纳米管制造芯片并非易事。首先，碳纳米管的生长方式

图 3-9　碳纳米管芯片

> **知识小助手**
>
> 冯·诺依曼体系结构目前是计算机设计的依据。
>
> 计算机的数制采用二进制；程序或指令的顺序执行，即预先编好程序，然后交给计算机按照程序中预先定义好的顺序进行数值计算。
>
> 计算机必须具备五大基本组成部件
>
> ① 运算器：用于完成各种算术运算、逻辑运算和数据传送等数据加工处理。
>
> ② 控制器：用于控制程序的执行。运算器和控制器组成计算机的中央处理器（CPU）。
>
> ③ 存储器：用于记忆程序和数据。
>
> ④ 输入设备：如鼠标、键盘等。
>
> ⑤ 输出设备：如显示器、打印机等。
>
> 五大基本组成部件之间通过指令进行控制，并在不同部件之间进行数据的传递。

非常不好控制；其次，存在的少量金属性碳纳米管会损害整个芯片的性能。研究人员想方设法解决了这些问题，并于2013 年制造出全球首台碳纳米管计算机，图 3-9 展示了它的模型。然而，这台计算机既慢又笨重，且只有几个晶体管。

现在，研究人员更进了一步，研发了一种让存储器和晶体管层层堆积的方法，新的 3D 设计方法大幅降低了数据

在晶体管和存储器之间来回的"通勤"时间,新结构的计算速度为现有芯片的1000倍。而且,该研究团队还利用芯片新架构,研制出了多个传感器芯片,可用于探测红外线、特定化学物质等。接下来,他们打算对这套系统进行升级,制造更大更复杂的芯片。

电子元件的进化历程从未停止,它们变得越来越小、越来越强大,同时越来越廉价。与此同时,科学家从来没有停止过对于速度的追求。2013年9月,斯坦福大学的一个科研团队开发出世界上第一台基于碳纳米管制造的计算机,迈出了挑战"硅芯片"计算机制造主流材料的第一步;2015年9月,科学家让这款芯片成为时髦的3D碳纳米管计算机芯片,我们不禁感叹科学家的想象力,就连新的堆叠方式都能让计算机芯片提高1000倍的速度,必须手工点个赞!

最小分光器

美国犹他大学的工程师开发出了迄今最小的超紧凑型分光器,可将光波划分为两个独立的信息通道。这个新装置使制造利用光而非电子来计算和传输数据的硅光子芯片更接近现实。

光是可以用来传递信息的最快的东西,但这些信息必须被转换为电子才能进入你的笔记本电脑,而这种转换会让速度变慢。互联网依靠光子携带信息通过光纤网络,一旦一个数据流抵达家庭或办公室终端,光子必须先转换为电子,路由器或计算机才能够处理信息。如果数据流在计算机的处理器内保持光的形态,就可能消除这个瓶颈。

研究人员在硅芯片上创建了一个更小型的、看起来有点像条形码的极化分光器,可将引导入射光拆分为二。之前的这种分光器大小超过了100微米×100微米,而梅农的团队采用了新算法来设计分光器,使其尺寸缩小到2.4微米×2.4微米,相当于人类发丝宽度的五十分之一,已经接近物理尺度的极限,这使得单一芯片上集成的分光器数量有望达到数百万个。

新型分光器的潜在优势并不限于提高计算机的处理速度。其设计使用的是现有的制造硅芯片的工艺,因此生产成本更低。此外,由于光子芯片"运送"的是光子而不是电子,内置这种技术的移动设备,如智能手机或者平板电脑,将比现在能耗更低、电池寿命更长、产生的热量更少。

硅光子学可显著提高机器的能力和速度,比如用于超级计算机、数据中心的服务器以及无人驾驶汽车和无人机专用的可检测碰撞的计算机,并最终"走向"家用电脑和移动设备,改善从游戏到视频流等应用程序。目前 Intel 和 IBM 等公司均在着力研发首个硅光子超级计算机,但其仍将使用保持部分电子的混合处理器。梅农认为,他的分光器有望在三年内应用于这些计算机,而对连接速度要求更高的数据中心也可能很快采用这项技术。

量子计算机

量子计算机在 20 世纪 80 年代多处于理论推导状态。1994 年彼得·秀尔(Peter Shor)提出量子质因子分解算法后,因其对于通行于银行及网络等地方的 RSA 加密算法可以破解而构成威胁之后,量子计算机变成了热门的话题。除了理论之外,也有不少学者着力于利用各种量子系统来实现量子计算机。

20 世纪 60 年代至 70 年代,人们发现能耗会导致计算机中的芯片

> **知识小助手**
>
> 量子计算机(quantum computer)是一类遵循量子力学规律进行高速数学和逻辑运算、存储及处理量子信息的物理装置。当某个装置处理和计算的是量子信息,运行的是量子算法时,它就是量子计算机。量子计算机的概念源于对可逆计算机的研究。研究可逆计算机的目的是为了解决计算机中的能耗问题。

发热,极大地影响了芯片的集成度,从而限制了计算机的运行速度。研究发现,能耗来源于计算过程中的不可逆操作。那么,是否计算过程必须要用不可逆操作才能完成呢?

答案是:所有经典计算机都可以找到一种对应的可逆计算机,而且不影响运算能力。

既然计算机中的每一步操作都可以改造为可逆操作,那么在量子力学中,它就可以用一个幺正变换来表示。早期量子计算机,实际上是用量子力学语言描述的经典计算机,并没有用到量子力学的本质特性,如量子态的叠加性和相干性。普通的数字计算机在 0 和 1 的二进制系统上运行,称为"比特"(bit)。

但量子计算机要更为强大。它们可以在量子比特(qubit)上运算,可以计算 0 和 1 之间的数值。

在经典计算机中,基本信息单位为比特,运算对象是各种比特序列。与此类似,在量子计算机中,基本信息单位是量子比特,运算对象是量子比特序列。所不同的是,量子比特序列不但可以处于各种正交态的叠加态上,而且还可以处于纠缠态上。量子计算机对每一个叠加分量进行变换,所有这些变换同时完成,并按一定的概率幅叠加起来,给出结果,这种计算称作量子并行计算。除了进行并行计算外,量子计算机的另一重要用途是模拟量子系统,这项工作是经典计算机无法胜任的。

在 2007 年,加拿大计算机公司 D-Wave 展示了全球首台量子计算机"Orion(猎户座)",图 3-10 是它的宣传文案,它利用了量子退火效应来实现量子计算。该公司此后在 2011 年推出具有 128 个量子位的 D-Wave One 型量子计算机并在 2013 年宣称 NASA 与谷歌公司共同预定了一台具有 512 个量子位的 D-Wave Two 量子计算机。

> **趣味小知识**
>
> 薛定谔之猫是关于量子理论的一个理想实验。实验内容是:这只猫十分可怜,它被封在一个密室里,密室里有食物有毒药。毒药瓶上有一个锤子,锤子由一个电子开关控制,电子开关由放射性原子控制。如果原子核衰变,则放出 α 粒子,触动电子开关,锤子落下,砸碎毒药瓶,释放出里面的氰化物气体,猫必死无疑。这个残忍的装置由奥地利物理学家埃尔温·薛定谔所设计,所以此猫便叫做"薛定谔猫"。量子理论认为:如果没有揭开盖子,进行观察,我们永远也不知道猫是死是活,它将永远处于非死非活的叠加态,这与我们的日常经验严重相悖。

量子物理,是打开世界构成真相和未来的一把钥匙,但量子世界与我们通常肉眼可见的宏观世界截然不同,迄今为止,世界上还没有真正意义上的量子计算机。但是,世界各地的许多实验室正在以巨大的热情追寻着这个梦想。

图 3-10　D-Wave 生产的 Orion 量子计算机

云 技 术

最简单的云计算技术在网络服务中已经随处可见,例如搜索引擎、网络信箱等,只要输入简单指令,云技术即能得到大量信息。然而这样一个关于天气的名字很难和计算机技术联系起来,那么具体的说"云"到底是什么呢?

云计算

对云计算的定义有多种说法。对于到底什么是云计算,至少可以找到100种解释。简单地说,计算机的运行是基于 0 和 1 的各种运算,散户的计算机硬件有限,对一些复杂的操作没办法很快速地运算出结果反馈给用户。云计算是基于互联网的相关服务的增加、使用和交付模式,散户将复杂的计算交由相关服务商,不考虑计算过程,只得到计算结果。这种既节省时间又节省硬件的方法,就是神奇的云计算。

云计算具有超大规模、虚拟化、高可靠性、通用性、高可扩展性、按需服务、极其廉价的特点。

Google 云计算已经拥有 100 多万

知识小助手

云计算(Cloud Computing),是一种基于互联网的计算方式,通过这种方式,共享的软硬件资源和信息可以按需求提供给计算机和其他设备。

云计算是继 20 世纪 80 年代大型计算机到客户端-服务器的大转变之后的又一种巨变。用户不再需要了解"云"中基础设施的细节,不必具有相应的专业知识,也无须直接进行控制。云计算描述了一种基于互联网的新的 IT 服务增加、使用和交付模式,通常涉及通过互联网来提供动态易扩展而且经常是虚拟化的资源。

台服务器,Amazon、IBM、微软、Yahoo 等的"云"均拥有几十万台服务器。企业私有云一般拥有数百上千台服务器。

图 3-11　云的工作方式

"云"能赋予用户前所未有的计算能力。"云"使用了数据多副本容错、计算节点同构可互换等措施来保障服务的高可靠性，使用云计算比使用本地计算机可靠。同一个"云"可以同时支撑不同的应用运行。用户可以充分享受"云"的低成本优势，经常只要花费几百美元、几天时间就能完成以前需要数万美元、数月时间才能完成的任务。图 3-11 形象地描述了云的工作方式。

云计算目前应用于云教育、云物联、云社交、云安全、云政务、云存储等方面。

但是云还具有潜在的危险性，因为云计算服务当前垄断在私人机构，对于政府机构、商业机构（特别像银行这样持有敏感数据的商业机构）对于选择云计算服务应保持足够的警惕。

云存储

就如同云状的广域网和互联网一样，云存储对使用者来讲，不是指某一个具体的设备，而是指一个由许许多多个存储设备和服务器所构成的集合体。也就是说云存储是分布式的存储系统。云存储框架由 4 层组成，如图 3-12 所示。

云存储提出这样一种思想：我们每个人每台设备都可以看作一个云，云不再高高在上，而是通过软硬件结合的方式放置在我们身边，我们既是云存储服务的接收者也是提供者。

> **知识小助手**
>
> 云存储（Cloud Storage）是云计算的存储部分，即虚拟化的、易于扩展的存储资源池。用户通过云计算使用存储资源池，但不是所有的云计算的存储部分都是可以分离的。
>
> 云存储又意味着存储可以作为一种服务，通过网络提供给用户。用户可以通过若干种方式来使用存储，并按使用（时间、空间或两者结合）付费。

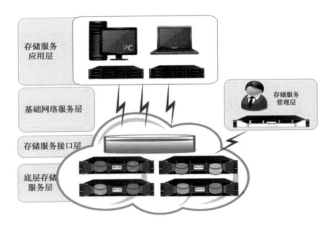

图 3-12　云存储的框架

现在,大家是不是对云有了更多的了解呢？近两年云技术迅猛发展,云存储不知不觉地深入到我们生活中。百度云盘、Google 同步、阿里云这些新兴名词想必我们都听过几次,也许我们在使用这些服务时都有一个疑问,我们的数据都存在哪了呢？

以百度云盘举例,云盘用户突破 2 亿,每个用户有 2G 的上传空间,那么百度需要 40 000T 的硬盘来存储这些数据！购买硬盘就要花费 2000 万,这完全是不可能的。那么云存储是如何提供服务的呢？

让我们用一个小例子来聊一聊云存储的原理。如果服务器上有一块 1000G 的硬盘可以全部为用户提供数据储存,如果每个用户分配 1G 的最大储存,则能分配给 1000 个用户。实际上,大部分人的云盘不会全部存满,就算存满了也会有很多用户存了重复的文件,这就造成了资源的浪费。其实平均每个用户只会存 50m 的数据,这 50m 也不是一蹴而就,而是慢慢累计的。我们可以分布式、群集式存储,一个用户的数据可以分布在多个服务器,一个用户用多少我们就分多少容量给他,这样就彻底保证硬盘的利用了。当然用户的前端还是要显示 1G 的,只不过这 1G 的“空间”只是个数字而已。图 3-13 显示了云应用的工作方式。

同时,云存储给每个上传的文件计算散列值(散列函数可以用于唯一标识

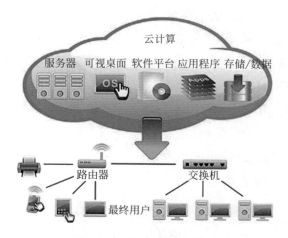

图 3-13 云存储 CS 模式

一段文字或文件），当用户想要上传文件 A 时，系统对比散列值发现：A 的散列与已上传的 B 的散列是一样的，是同一个文件！于是系统将 B 的使用权限增加给新用户，这个文件在用户端就显示：你的文件已秒传成功，这就是所谓的云盘秒传！

大数据和数据挖掘

2015 年 10 月 14 日至 15 日召开的杭州云栖大会上马云说"人类正从 IT 时代走向 DT 时代"，DT 就是指数据。

大数据是指无法在可承受的时间范围内用常规软件工具进行捕捉、管理和处理的数据集合。大数据技术的战略意义不在于掌握庞大的数据信息，而在于对这些含有意义的数据进行专业化处理，也就是提高对数据的"加工能力"，通过"加工"实现数据的"增值"。

知识小助手

大数据（megadata）或称巨量数据、海量数据、大资料，指的是所涉及的数据量规模巨大到无法通过人工，在合理时间内达到截取、管理、处理、并整理成为人类所能解读的形式的信息。

数据挖掘（data mining）是数据库知识发现中的一个步骤。数据挖掘基本方法有统计、在线分析处理、情报检索、机器学习、专家系统和模式识别等，被称为一门从大量数据或者数据库中提取有用信息的科学。

从技术上看,大数据与云计算的关系就像一枚硬币的正反面一样密不可分。大数据必然无法用单台的计算机进行处理,必须依托云计算的分布式处理、分布式数据库和云存储、虚拟化技术来处理数据,这就是数据挖掘。大数据和数据挖掘是密不可分的。

分类估计、预测、相关性分组或关联规则、聚类、复杂数据类型挖掘(Text、Web、图形图像、视频、音频等)是数据挖掘的手段。复杂庞大的数据经历这几个处理,成为条例清理、关联明确的数据。

数据挖掘可以实现的功能如表 3-1 所示。

表 3-1 数据挖掘能实现的功能

自动预测趋势和行为	数据挖掘自动在大型数据库中寻找预测性信息,以往需要进行大量手工分析的问题如今可以迅速直接由数据本身得出结论
关联分析	若两个或多个变量的取值之间存在某种规律性,就称为关联。关联分析的目的是找出数据库中隐藏的关联网
聚类	数据库中的记录可被划分为一系列有意义的子集,即聚类。在划分对象时不仅考虑对象之间的距离还要求划分出的类具有某种内涵描述
概念描述	概念描述就是对某类对象的内涵进行描述,并概括这类对象的有关特征
偏差检测	数据库中的数据常有一些异常记录,偏差检测的基本方法是寻找观测结果与参照值之间有意义的差别

全球零售业巨头沃尔玛在对消费者购物行为分析时发现,男性顾客在购买婴儿尿片时,常常会顺便搭配几瓶啤酒来犒劳自己,于是尝试推出了将啤酒和尿布摆在一起的促销手段,如图 3-14 所示。没想到这个举措居然使尿布和啤酒的销量都大幅增加了。如今,"啤酒+尿布"的数据分析成果早已成了大数据技术应用的经典案例,被人津津乐道。

由于数据挖掘带来的显著的经济效益,使数据挖掘越来越普及。它不仅能用于控制成本,也能给企业带来效益。在 IT 时代和 DT 时代的不同就是 IT 时代解决的是吃饱饭,有学上,奔小康;而 DT 时代解决的是吃得好,上好学,生活幸福。

图 3-14　啤酒尿布的故事

　　读到这里，你是不是已经对云技术有了初步认识？云已经在商业、农业、教育事业、工业等领域得到了初步的应用，政府云、农业云、教育云、医疗云、游戏云、云杀毒等屡见不鲜。相信随着科技的发展，云会变得更加贴近我们的生活。

智 慧 制 造

德国中部小镇凯泽斯劳滕的未来工厂车间里,三个输液袋似的容器被悬置在生产线上方,里面分别装着红、黄、蓝三种颜色的肥皂液。顺着下垂到流水线上的软管,肥皂液流入流水线上不断传递过来的空塑料瓶里。不过,是哪种颜色的肥皂液进入瓶子? 如果是混合的,比例如何? 应该盖上什么颜色的瓶盖? 标签上写什么? 这一切都将由贴在塑料瓶背面的四方形黏纸——一个存储着"产品记忆"的电脑芯片——来指示设备完成。

工业 4.0

德国政府提出"工业 4.0"战略,并在 2013 年 4 月的汉诺威工业博览会上正式推出,其目的是为了提高德国工业的竞争力,在新一轮工业革命中占领先机。该战略已经得到德国科研机构和产业界的广泛认同,弗劳恩霍夫协会将在其下属 6～7 个生产领域的研究所引入工业 4.0 概念,西门子公司已经开始将这一概念引入其工业软件开发和生产控制系统。

"工业 4.0"研究项目由德国联邦教研部与联邦经济技术部联手资助,在德国工程院、弗劳恩霍夫协会、西门子公司等德国学术界和产

知识小助手

"工业 4.0"概念包含了由集中式控制向分散式增强型控制的基本模式转变,目标是建立一个高度灵活的个性化和数字化的产品与服务的生产模式。在这种模式中,传统的行业界限将消失,并会产生各种新的活动领域和合作形式。创造新价值的过程正在发生改变,产业链分工将被重组。

德国学术界和产业界认为,"工业 4.0"概念是以智能制造为主导的第四次工业革命,或革命性的生产方法。该战略旨在通过充分利用信息通讯技术和网络空间虚拟系统-信息物理系统(Cyber-Physical System)相结合的手段,将制造业向智能化转型。

业界的建议和推动下形成，并已上升为国家级战略。德国联邦政府投入达 2 亿欧元。图 3-15 展示了工业革命的发展历程。

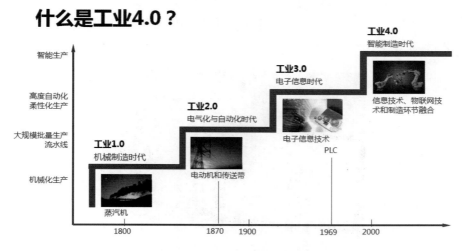

图 3-15　工业革命的历史进程

德国认为其应充分利用其作为世界领先的制造设备供应商及在嵌入式系统领域的优势，通过利用物联网及服务互联网向制造领域扩展这一趋势，在向第四阶段工业化迈进的过程中先发制人。

"工业 4.0"项目主要分为三大主题：

一是"智能工厂"，重点研究智能化生产系统及过程，以及网络化分布式生产设施的实现；二是"智能生产"，主要涉及整个企业的生产物流管理、人机互动以及 3D 技术在工业生产过程中的应用等。该计划将特别注重吸引中小企业参与，力图使中小企业成为新一代智能化生产技术的使用者和受益者，同时也成为先进工业生产技术的创造者和供应者；三是"智能物流"，主要通过互联网、物联网、物流网，整合物流资源，充分发挥现有物流资源供应方的效率，而需求方，则能够快速获得服务匹配，得到物流支持。

商业模式对制造业来说至关重要。那么，在工业 4.0 时代，未来制造业的商业模式是什么？就是以解决顾客问题为主。所以说，未来制造企业将不仅仅进行硬件的销售，而是通过提供售后服务和其他后续服务，来获取更多的附加价值,这就是软性制造。

工业 4.0 包括两大主题:智慧工厂和智慧生产。智慧工厂重点研究智能化生产系统和过程,以及网络化分布式生产设施的实现,如图 3-16 所示。智能生产主要涉及整个企业生产物流的管理、人机互动、3D 打印以及增材制造等技术在工业生产过程中的应用。

图 3-16　车间智能制造

标准化的缺失实际上是德国工业 4.0 项目推行过程中所遭遇的另一个困难。设备不仅必须会说话,而且必须讲同一种语言,即通向数据终端的"接口"。2014 年 11 月李克强总理访问德国期间,中德双方发表了《中德合作行动纲要:共塑创新》,宣布两国将开展工业 4.0 合作,该领域的合作有望成为中德未来产业合作的新方向。

而借鉴德国工业 4.0 计划,是"中国制造 2025"的既定方略。"德国的工业 4.0 可以为中国提供一种未来工业发展的模式,帮助中国解决眼下所面临的一些挑战,如资源和能源效益、城市生产和人口变化等。"Christina Otte 说。

随着中国的加入,德国对工业 4.0 标准的制定或将加速完成。

互联网＋

通俗地说,"互联网＋"就是"互联网＋各个传统行业",但这并不是简单的两者相加,而是利用信息通信技术以及互联网平台,让互联网与传统行业进行深度融合,创造新的发展生态。

它代表一种新的社会形态,即充分发挥互联网在社会资源配置中的优化和集成作用,将互联网的创新成果深度融合于经济、社会各领域之中,提升全社会的创新力和生产力,形成更广泛的以互联网为基础设施和实现工具的经济发展新形态。

几十年来,"互联网+"已经改造及影响了多个行业,当前大众耳熟能详的电子商务、互联网金融、在线旅游、在线影视、在线房产等行业都是"互联网+"的杰作。

知识小助手

"互联网+"是创新2.0下的互联网发展新形态、新业态,是知识社会创新2.0推动下的互联网形态演进及其催生的经济社会发展新形态。"互联网+"是互联网思维的进一步实践成果,它代表一种先进的生产力,推动经济形态不断地发生演变。从而带动社会经济实体的生命力,为改革、创新、发展提供广阔的网络平台。

让我们以"互联网+"农业为例子:

生产是收获果实的过程,又可分为产前、产中、产后三个部分,具体细节见图 3-17。

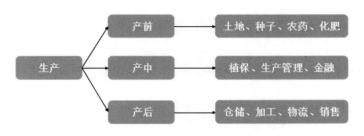

图 3-17　农业生产流程

产前运用电商模式让农民直接从厂家采购农资(品类涵盖化肥、种子、农药、农机等),并提供农技服务。产中的应用有"农管家"等,"农管家"是服务现代农业生产的 APP,它把传统的农技服务与移动互联网结合起来,建立了种植户与专家对话的平台,种植户通过上传作物图片和描述病情,获得平台专家的解答。产后有淘宝开店、朋友圈卖蜂蜜、切糕等电商模式来销售。这种方式概括了目前互联网与农业的各种融合方式。

2014 年 11 月,李克强出席首届世界互联网大会时指出,互联网是大众创业、万众创新的新工具。其中"大众创业、万众创新"正是此次政府工作报告中的重要主题,被称作中国经济提质增效升级的"新引擎",可见其重要作用。

"互联网十"有六大特征,如表 3-2 所示。

表 3-2 "互联网十"的六大特征

跨界融合	十就是跨界,就是变革,就是开放,就是重塑融合
创新驱动	中国粗放的资源驱动型增长方式早就难以为继,必须转变到创新驱动发展这条正确的道路上来
重塑结构	信息革命、全球化、互联网业已打破了原有的社会结构、经济结构、地缘结构、文化结构
尊重人性	互联网的力量之强大最根本地来源于对人性的最大限度的尊重、对人体验的敬畏、对人创造性发挥的重视
开放生态	我们推进"互联网十",其中一个重要的方向就是要把孤岛式创新连接起来,让研发由人性决定的市场驱动,让创业并努力者有机会实现价值
连接一切	连接是有层次的,可连接性是有差异的,连接的价值是相差很大的,但是连接一切是"互联网十"的目标

我们认为移动互联网其实只是这个"互联网十"的一个通道之一,在未来,"互联网十"这样的公式应该是我们所在行业目前的产品和服务与我们未来看到的多屏全网跨平台用户场景结合之后产生的一种"化学反应公式"。

一位熟悉中德两国经济形势的媒体人士写道:"德国工业 4.0 将帮助中国提高 25%～30% 的生产率,2045 年中国将拥有和美国、德国、日本一样的生产能效和产品质量。这是一个庞大的市场,这个市场的数字信息化过程中,中国将和德国一起站在最好的世纪开端。"

第四单元　节能减排

节能采暖

如今,冬天的教室还是用暖气片散热的方式来取暖。但是,随着科学技术的快速发展,这种传统的取暖方式已经很明显不足以适应当下"节能采暖"的主题了。那么,我们应该用何种方式来节能采暖呢?

随着经济的迅速发展,能源生产与消费、能源建设与环境生态建设的矛盾越来越突出。供热能耗在能源消耗中占有着较大比重,依靠技术进步推进节能采暖势在必行。另一方面,随着我国对环境保护的重视,以煤为主要燃料的供热方式受到了挑战。目前人们在积极寻找以清洁能源代替煤炭,这样可以减少污染物的排放量,达到国家要求的环境标准。

要谈节能采暖,首先,我们先来了解一下节能。随着社会的不断进步与科学技术的不断发展,人们越来越关心我们赖以生存的地球,世界上大多数国家也充分认识到了环境对我们人类发展的重要性。各国都在采取积极有效的措施改善环境,减少污染。这其中最为重要也是最为紧迫的问题就是能源问题,要从根本上解决能源问题,除了寻找新的能源,节能是关键的也是目前最直接有效的重要措施。节能是我国可持续发展的一项长远发展战略,是我国的基本国策。

> **知识小助手**
>
> 我国的基本国策——
>
> 计划生育
>
> 保护环境
>
> 对外开放
>
> 节约资源
>
> 保护环境
>
> 十分珍惜、合理利用土地和切实保护耕地
>
> 水土保持

按照世界能源委员会 1979 年提出的"节能"定义:采取技术上可行、经济上合理、环境和社会可接受的一切措施,来提高能源资源的利用效率。

广义地讲,节能是指除狭义节能内容之外的节能方法,如节约原材料消

耗,提高产品质量、劳动生产率、减少人力消耗、提高能源利用效率等。

狭义地讲,节能是指节约煤炭、石油、电力、天然气等能源。从节约石化能源的角度来讲,节能和降低碳排放是息息相关的。

接下来,我们再说一下什么是采暖。采暖,即通过对建筑物及防寒取暖装置的设计,使建筑物内获得适当的温度。我国的采暖方式经过近几十年的发展,呈现出百家争鸣的态势。主要的采暖方式有暖气片采暖、地暖采暖、电热膜辐射供暖等。

我们来着重说一下现如今应用范围最广的暖气片采暖。暖气片采暖(如

图4-1 暖气片采暖

图4-1所示),采暖设备选用暖气片的种类有:钢制暖气片、铸铁暖气片、铝制暖气片以及铜制暖气片。暖气片的散热原理是以对流方式为主,因此也将暖气片采暖视为对流型供暖。暖气片先加热其周围空气,使空气在房间内形成对流从而达到采暖目的。这种采暖方式是暖气片周围的温度高,随着与暖气片距离的加大,温度递减,同一层面的温度温差较大,这一现象在大空间房间内尤其明显。由于这种采暖是对流方式,热空气自上而下对流,房间温度是上热下凉,给人的感觉是头热脚凉,舒适感相对差些。

有了以上的知识,接下来我们就进入正题,介绍一下最新的节能采暖的技术。

在我国的北方地区,城市供暖大多采用集中供热,冬季供暖需要消耗大量的能源,如果处理不当会造成严重能源浪费和环境污染。而换热站是集中供热系统中最重要的环节之一,起着承上启下的作用。随着生活水平的提高,人们对供热的舒适性以及稳定性提出了更高的要求,但同时我国换热站还未完全达到自动化控制,相当一部分仍然通过人工手动经验调节控制,控制精度较低,能源消耗严重。要达到节能高效的目的,仅仅进行换热站设备的改造是远远不够的,还必须合理设计各种控制算法,因此实现管控化一体化高效节能的

智能换热站具有非常重要的现实意义。

通过对最新研制的以"全焊接高效板壳式换热器"为核心技术的"高效节能智能换热站"（如图 4-2 所示）在气候补偿、自动加药、自动补水等技术上进行优化，建立"高效节能智能换热站"的智能化控制监测评估平台，最终形成"高效节能智能换热站"节能改造和高效运营的全套解决方案。与传统换热站相比明显降低单位能耗，提高换热站供热效率，实现对换热站群的数据采集、信息处理和管理监控功能的一体化；同时提高换热站安全运行和可靠性，做到无人值守、降低换热站的建设及运行管理成本，为节能减排做出贡献，解决我国城市热电联产集中供热系统供热效率偏低、能耗过大、运行不稳定、智能调节与管控失调的现状。

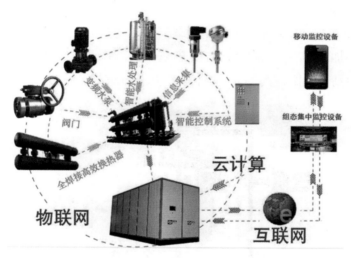

图 4-2　高效节能换热站

智能换热站做到了高效节能的管控一体化，前景十分广阔，实现了节能采暖的目标，是不是很期待。

接下来再为大家介绍一种新型的供热技术——分布式清洁供热。

分布式是一种模型结构，区别于核心式，从字面上可以理解为"分布在各处"。分布式的目标是降低单个对象的重要度，从而提升整个系统的性能。而清洁供热，也就是利用清洁能源供热。

分布式清洁供热技术通过热泵技术（如图 4-3 所示）有效利用工业余热、生活余热以及浅层地热等低温热源，为建筑物提供供热、制冷以及生活热水；通过以新能源技术为依托建立分布式能源站并负责能源站的运行管理模式，迅速解决热网尚未覆盖地区的供热，以及大型公建的供热、制冷（尤其适用于新城、新区、开发区以及新农村建设）；采用智能技术手段对能源站远距离的监控集中管理，通过现代化管理，通过智慧的管理系统，管理各个能源站，使得分布式能源站投资少、运营

> **知识小助手**
>
> **清洁能源的定义——**
>
> 　　清洁能源是不排放污染物的能源，它包括核能和"可再生能源"。
>
> 　　可再生能源是指原材料可以再生的能源，如水力发电、风力发电、太阳能、生物能（沼气）、海潮能这些能源。可再生能源不存在能源耗竭的可能，因此日益受到许多国家的重视，尤其是能源短缺的国家。

成本低。因此，加快推进分布式清洁供热技术，采用区域小型、分散、灵活的供热模式，充分利用清洁能源，真的是一项高效节能、低碳环保、利国利民的举措！

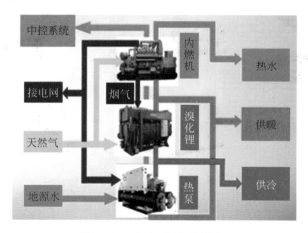

图 4-3　分布式清洁供热

　　最后，再介绍一个正在我国农村地区广泛推行的节能采暖措施——农村"煤改电"。

　　当前农村家家户户冬季取暖，大多还停留在燃煤阶段，分散的小煤炉取暖

效率低,污染治理也是一个难点。燃煤取暖除了会直接引起空气中细颗粒物和可吸入颗粒物增加外,还容易诱发二次污染。煤燃烧后产生大量二氧化硫,在空气中容易生成三氧化硫和亚硫酸根离子;另一方面,汽车尾气易产生大量的氮氧化物,这些氮氧化物在空气中产生硝酸根离子。两者在一定条件下在空气中结合,就会产生氨氮物、硫酸盐等颗粒物。这会导致空气出现二次污染。

"煤改电"是指家庭使用智能电采暖替代小煤炉,以提升采暖能耗利用效率的一种措施,主要是通过对居民房屋的保暖和户内线路改造、安装蓄能式电煤炉,并由电力公司对变压器、低压线路及计量装置进行改造,从而将平房居民传统的燃煤取暖改为用电取暖,继而减少燃煤对大气的污染,提升平房居民的生活质量。

再为大家举出一个"煤改电"的实例。

为了应对空气污染,近年来北京市一直在减少燃煤的使用,并大力推广农村"煤改电"。韩村河村是国网电力在北京市进行的第一个整村煤改电集中供热示范村,该村也是北京市第一批新农村建设试点村,完成了新型社区建设。农民虽然上了楼,但是冬季还靠 3 座燃煤锅炉集中供暖,每年要烧煤 2 万多吨。据村书记介绍,煤改电后,该村减少二氧化碳排放 64 吨,减少氮氧化物排放 10 吨;减少用地 35 亩,减少用工 50 人,每年能节约成本数百万元。煤改电技术充分发挥了其"经济、节能、环保、高效"的特点,必将成为减煤换煤清洁空气行动的重要内容,如图 4-4 所示。

大力推广技术先进的农村煤改电高效节能电采暖系统,逐步实现农村不烧或少烧燃煤,调整农村用能结构,使农村早日完成由传统能源消耗方式向节约型能源消耗方式的转变,符合当下节能采暖的主题,是农村治理大气污染的一条必由之路,实现农村生活空间宜居适度、生态空间山清水秀的目标。

有了以上的介绍,我们对真正实现节能采暖充满了信心。我们坚信随着科技的飞速发展,未来还会有更多的节能采暖的技术。节能采暖,让我们的生活更美好!

图 4-4 农村"煤改电"

空气净化

天空像被人扣上了一口灰蒙蒙的大锅，清晨的雾如烟一样笼罩在我们的周围，能见度只有几米，汽车开着防雾灯，有的开着大灯，在公路上慢慢爬行，汽车的大灯在这雾霾的天气里，如同夏天晚上多只萤火虫，发出一点点光，几十米以后，消失在茫茫的大雾中。现如今，雾霾已经成为了我们生活中的"新常态"。雾霾对我们的危害这么大，由此可见，净化空气迫在眉睫。那么，有什么可以改变这种现状？

随着经济的飞速发展，各种污染问题也渐渐凸显出来。与我们生活最息息相关的就是空气污染了。面对日益严重的空气污染，净化空气的各种技术也涌现出来了。但是，我们首先要了解什么是空气污染。

那么，什么是空气污染呢？空气污染，又称为大气污染，按照国际标准化组织(ISO)的定义，空气污染通常是指由于人类活动或自然过程引起某些物质进入大气中，呈现出足够浓度，达到足够的时间，并因此危害了人类的舒适、健康和福利或环境的现象。换言之，只要是某一种物质其存在的量、性质及时间足够对人类或其他生物、财物产生影响者，我们就可以称其为空气污染物；而其存在造成之现象，就是空气污染。

知识小助手

大气是由一定比例的氮气、氧气、二氧化碳、水蒸气和固体杂质微粒组成的混合物。就干燥空气而言，按体积计算，在标准状态下，氮气占 78.08%，氧气占 20.94%，稀有气体占 0.93%，二氧化碳占 0.03%，而其他气体及杂质体积都大约是 0.02%。各种自然变化往往会引起大气成分的变化。

世界卫生组织和联合国环境组织发表的一份报告说："空气污染已成为全世界城市居民生活中一个无法逃避的现实。"如图 4-5 所示。如果人类生活在污染十分严重的空气里，那就将在几分钟内全部死亡。工业文明和城市发展,在为人类创造巨大财富的同时,也把数十亿吨计的废气和废物排入大气之中,人类赖以生存的大气圈却成了空中垃圾库和毒气库。因此,大气中的有害气体和污染物达到一定浓度时,就会对人类和环境带来巨大灾难。

图 4-5　空气污染

由此可见,空气污染对我们的影响是如此之大。对于空气的净化迫在眉睫。那么,什么是空气净化技术?空气净化的技术又有哪些呢?

空气净化技术是指针对室内的各种环境问题提供杀菌消毒、降尘除霾、祛除有害装修残留以及异味等整体解决方案,改善生活、办公条件,增进身心健康。室内环境污染物和污染来源主要包括放射性气体、霉菌、颗粒物、装修残留、二手烟等。

接下来就为大家介绍几种最新的常见的空气净化技术。

雾霾天气频发、家庭装修污染等有害呼吸的问题,无一不对人们的健康居室生活敲响了警钟。改善日益恶劣的工作、生活环境,有效防治和治理室内空气质量成为人类最为迫切的需求。当然,在这个大环境下也催生了空气净化市场的产生与发展。

空气净化器是指能够吸附、分解或转化各种空气污染物(一般包括 PM2.5、装修污染、细菌、过敏原等),有效提高空气清洁度的产品。室内空气污染大致为三类:物理污染,PM2.5 包括粉尘、颗粒物甚至一些放射线等;化学污染,甲醛、甲苯、VOC(挥发性有机化合物)等;第三类就是生物污染,像细菌病毒等。

空气净化器就是围绕这三类污染进行有效净化，从而得到有利健康的空气。

ECOBAO空气净化器（如图4-6所示）是目前空气净化器中的创新产品。

传统的净化器相当于吸尘器一样把空气吸进去，过滤之后再把空气排出去，这样大量的污染物都会积聚在过滤材料表面一侧。这就需要定期更换过滤材料，如果不及时更换，积聚的大量污染物会快速繁殖大量细菌病毒，造成二次污染。ECOBAO空气净化器彻底解决了传统空气净化器的更换滤芯、二次污染问题，并且能快速分解甲醛、苯、氨、TVOC等有害气体，高效杀菌、除尘、除烟，快速沉降PM2.5等超微颗粒污染物，自然调节湿度。它的净化是效仿大自然循环净化的原理，利用人工湿地技术将湿地微缩

图4-6　ECOBAO空气净化器

化，再结合纳米技术和常规空气净化技术将微型湿地的净化功能放大，使之更适用于净化室内空气。

除了大家常见的空气净化器，还有一种与我们息息相关的就是窗式新风系统。

新风系统的种类很多，根据通风动力可分为自然通风和机械通风新风系统；根据通风目的可分为换气通风、热风供暖、排毒与除尘、事故通风、防护式通风、建筑防排烟等新风系统；而窗式新风系统则是根据样式分类中的一种，其他的还有柜式和壁挂式等新风系统。

窗式新风系统（如图4-7所示）是一种安装在卧室、客厅或是办公场所，可实现室内外空气的持续自然交流，

图4-7　窗式新风系统

达到室内空气净化目的的空气处理产品。用户可根据门窗风格及宽度,自由确定窗式新风系统的长短和表面颜色处理,无须打开门窗即可获得健康的生活空间。

窗式新风系统采用微气体循环流设计理论,可针对各种户型进行合理空气流向设置。系统的设备采用了负离子、活性炭、高效过滤网,可有效预防目前室外污染导致的室内 PM2.5 颗粒物污染,更关键的是解决了开窗(脏、吵)和关窗(闷)的实际生活使用矛盾。在目前室外污染与室内污染都很严重的情况下,窗式新风系统由于独特的结构设计与工作

> **知识小助手**
>
> 室内污染来源为开窗(颗粒物污染 PM2.5、噪音污染)和关窗(二氧化碳污染、化学污染),在目前国家大力推广建筑节能要求下,建筑物密闭性越来越强,因此导致开窗与关窗成为一个矛盾。

原理,实现了可持续 24 小时洁净通风,有效预防 PM2.5 危害,特别适合住宅的居住需要。

此外,窗式新风系统还给人极好的舒适感,其静音效果好,还有持续的自然风输送。同时,窗式新风系统功率小,并且面板也容易清洗,安装成本低,为用户带来实惠便捷的舒适体验,实现真正的富氧生态生活。

通过这些空气净化技术的介绍,我们对未来治理空气污染又有了新的期待和希望。

每一个人都是这世界的一份子,虽然渺小,可是这世界就是由渺小的人类组成的,因此,参与到治理空气污染并不仅是国家的事,我们每一个人都有份。减少空气污染,就必须从我做起,环保出行,少开车,甚至不开车,为降低空气污染出一份力量。

沼 气 提 纯

大家都知道初中的生物课本中提到过生态农业。在鱼塘边发展混合农业，在鱼塘中养鱼可以赚取收入，而鱼塘中的泥沙可以挖出来作为河边桑树的肥料，桑树长出的桑叶喂蚕，蚕沙又可以倒入鱼塘中喂鱼，这就是一个典型的循环的生态农业。现在发展的生态农业还有很多，大家熟知的沼气则是一个始终很热门的有关生态农业和能源的话题。

说起沼气，大家肯定都知道是甲烷，但深入的了解还差很多，接下来我就为大家谈一谈什么是沼气？如何利用沼气以及如何更好地利用沼气？

首先，我们先介绍什么是沼气。

沼气是有机物质在厌氧条件下，经过微生物的发酵作用而生成的一种混合气体。沼气，顾名思义就是沼泽里的气体。人们经常看到，在沼泽地、污水沟或粪池里，有气泡冒出来，如果我们划着火柴，可把它点燃，这就是自然界天然发生的沼气。由于这种气体最先是在沼泽中发现的，所以称为沼气。人畜粪便、秸秆、污水等各种有机物在密闭的沼气池内，在厌氧（没有氧气）条件下发酵，类繁多的沼气发酵微生物分解转化，从而产生沼气，这也就是沼气发酵的过程。沼气是有机物经微生物厌氧消化而产生的可燃性气体。

沼气的主要成分是甲烷（CH_4）。沼

知识小助手

沼气和天然气的主要成分都是甲烷，为什么天然气不可再生而沼气可再生？

天然气是古代枯死树木在地下经过各种生物和非生物的影响而形成的，经历了一个漫长而不可循环的地质和自然条件，就像形成煤的条件一样，这种得天独厚的条件不再有了，所以说天然气是不可再生资源。而沼气是利用人工方法，使用麦秸或牲畜粪便生成的，因为原材料可再生并且我们将一直掌握这样的技术，所以说沼气是可再生资源。

气由 50%～80% 甲烷（CH₄）、20%～40% 二氧化碳（CO₂）、0～5% 氮气（N₂）、小于 1% 的氢气（H₂）、小于 0.4% 的氧气（O₂）与 0.1%～3% 硫化氢（H₂S）等气体组成。由于沼气含有少量硫化氢（H₂S），所以略带臭味。其特性与天然气相似。空气中如含有 8.6%～20.8%（按体积计）的沼气时，就会形成爆炸性的混合气体。

沼气的主要成分甲烷是一种理想的气体燃料，它无色无味，与适量空气混合后即会燃烧。每立方米纯甲烷的发热量为 34 000 千焦，每立方米沼气的发热量约为 20 800～23 600 千焦。即 1 立方米沼气完全燃烧后，能产生相当于 0.7 千克无烟煤提供的热量。与其他燃气相比，其抗爆性能较好，是一种很好的清洁燃料。沼气可以作为家庭厨房的燃料，如图 4-8 所示。

图 4-8　沼气做饭

通过以上的介绍我们知道了什么是沼气。那我们研究沼气有什么用处呢？

随着经济的发展对能源的需求也在不断地增长，长期大量地使用化石等不可再生能源，不但对环境造成巨大的危害，而且由于它的不可再生性，它的含量也逐年减少。生态能源是廉价型、可再生型、清洁型的能源。推广使用生态能源是必然的趋势，而沼气则是典型的生态能源。

沼气作为能源利用已有很长的历史。我国的沼气最初主要为农村户用沼气池，20 世纪 70 年代初，为解决秸秆焚烧和燃料供应不足的问题，我国政府在农村推广沼气事业，沼气池产生的沼气从用于农村家庭的炊事（如图 4-8 所示），现在逐渐发展到照明和取暖。目前，户用沼气在我国农村仍在广泛使用。我国的大中型沼气工程始于 1936 年，此后，大中型废水、养殖业污水、村镇生物质废弃物、城市垃圾沼气的建立拓宽了沼气的生产和使用范围。随着我国经济发展与人民生活水平的提高，工业、农业、养殖业的发展，大废弃物发酵沼气工程仍将是我国可再生能源利用和环护的切实有效的方法。

沼气可以用来发电（如图4-9所示）。沼气燃烧发电是随着大型沼气池建设和沼气综合利用的不断发展而出现的一项沼气利用技术，它将厌氧发酵处理产生的沼气用于发动机上，并装有综合发电装置，以产生电能和热能。沼气发电具有创效、节能、安全和环保等特点，是一种分布广泛且价廉的分布式能源。沼气发电在发达国家已受到广泛重视和积极推广。我国沼气发电有三十多年的历史，但国内沼气发电的研究和应用市场都还处于不完善阶段，特别是适用于

图4-9　沼气发电厂

我国广大农村地区小型沼气发电技术研究更少，我国农村偏远地区还有许多地方严重缺电，如牧区、海岛、偏僻山区等高压输电较为困难，而这些地区却有着丰富的生物质原料。如能因地制宜地发展小沼电站，则可取长补短就地供电。

沼气不仅可以燃烧发电还可以作为燃料电池（如图4-10所示）。沼气燃料电池是新出现的一种清洁、高效、低噪音的发电装置，与沼气发电机发电相比，不仅出电效率和能量利用率高，而且振动和噪音小，排出的氮氧化物和硫化物浓度低，因此是很有发展前途的沼气利用工艺，将沼气用于燃料电池发电，是有效利用沼气资源的一条重要途径。

文章最开始提到了生态农业，那么沼气和生态农业之间有什么紧密的关系呢？

沼气生态农业技术是依据生态学、经济学和系统工程学原理，以沼气建设为纽带，将养殖业与种植业等科学、合理

知识小助手

生态农业的定义——

生态农业是指在保护、改善农业生态环境的前提下，遵循生态学、生态经济学规律，运用系统工程方法和现代科学技术，集约化经营的农业发展模式，是按照生态学原理和经济学原理，运用现代科学技术成果和现代管理手段，以及传统农业的有效经验建立起来的，能获得较高的经济效益、生态效益和社会效益的现代化农业。

地结合在一起,通过优化整体农业资源,使农业生态系统内物质多层次利用,能量多级循环,达到高产、优质、高效、低耗的目的,是一项具有生态合理性、功能循环优化性的可持续农业技术。

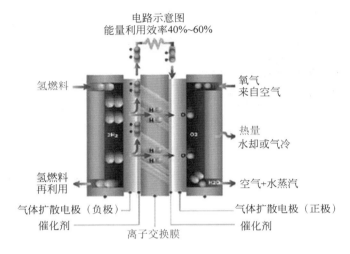

电路示意图
能量利用效率40%~60%

氢燃料

氧气
来自空气

热量
水却或气冷

氢燃料
再利用

空气+水蒸汽

气体扩散电极(负极)

气体扩散电极(正极)

催化剂

催化剂

离子交换膜

图 4-10　沼气燃料电池

通俗地说,就是农户通过建沼气池,利用人畜粪便、生活污水、农业废弃物等入池发酵,产生的沼气、沼液和沼渣用于日常生活和农业生产,从而形成农户生活—沼气发酵—生态农业的良性发展链条。在促进农民脱贫致富、农业生产结构调整、农业与农村经济的可持续发展及生态环境的改善等方面起着重要的作用。

沼气生态农业技术的核心部分是沼气发酵,它起着联结养殖与种植、生产与生活的纽带作用。有机物厌氧发酵产生的沼气可用于炊事、照明、储粮、保鲜、发电等多项生产生活活动。同时,沼气发酵的残余物沼液和沼渣可以开展综合利用,用于种植业和养殖业,如种菜、浸种育苗、饲喂畜禽、养鱼等,可以起到改良土壤、提高生物产量、品质及其防寒抗病能力等作用。沼液和沼渣是优质、高效、无污染的有机肥料,可用作基肥、追肥、叶面肥和浸种,起到提高作物产量、品质和抗病能力的作用。沼气生态农业技术使原来闲置的农户庭院土地变成高效的商品生产基地,使低产田变成发展优质、高产、高效农业的保护地,使"四荒"治理同农业与农村经济的可持续发展有机结合。沼气是生态农业中非常重要的一环。

通过以上的介绍,沼气有这么多的用处啊! 但是随着科技的发展,关于如何提高沼气利用率也进入了人们的视野。

沼气提纯,即去除沼气中的杂质组分,使之成为甲烷含量高、热值和杂质气体组分品质符合天然气标准要求的高品质燃气。

沼气提纯有四种方法可以实现,分别是吸收法、变压吸附法、低温冷凝法和膜分离方法。

最后举出科技周上的一个实例来具体说明沼气提纯。

移动式沼气提纯站(如图 4-11 所示)由预处理系统、膜分离制气系统和控制系统组成。脱硫、脱水的原料气经无油压缩机压缩后,通过气水分离器、冷冻干燥机、活性炭除油器、高效过滤器除去饱和水蒸汽和微尘粒,再经过气气换热器加热后得到了干燥、无油、洁净和温度适宜的高品质压缩沼气。该高品质压缩气体经分气管道均匀进入膜分离系统进行分离,分离出的二氧化碳可通过管道汇集后收集也可排入大气,而制得的所需浓度的甲烷气可作为民用和车用。

图 4-11　移动式沼气提纯站

通过介绍,相信大家对沼气、沼气的利用以及沼气提纯有了一定的了解。关于沼气利用的问题仍有很多,比如原料少、成本高、后期维护难等。但随着科学技术的发展,这些问题一定会迎刃而解。沼气的应用前景是不是很广阔哦!

智 能 照 明

对于智能家居，我们大家或许还有点陌生。但是说到比尔·盖茨的"未来屋"，大家应该会熟悉吧。2015年习主席访美的时候就参观了比尔·盖茨的"未来屋"。比尔·盖茨通过自己的"未来屋"，一方面全面展示了微软公司的技术产品与未来的一些设想；另一方面，也展示了人类未来智能生活场景。这所被称为"未来屋"的神秘科技之宅，从本质上来说其实就是智能家居。而本文要介绍的智能照明则是智能家居必须涉及的。

说到智能照明，我们不得不提一下智能家居。

智能家居又称智能住宅，通俗地说，它是融合了自动化控制系统、计算机网络系统和网络通信技术于一体的网络化智能化的家居控制系统。比尔·盖茨是国外第一个使用智能家居的家庭，至今快有三十年的历史了。"未来屋"（如图4-12所示）包括厨房、客厅、家庭办公、娱乐室、卧室等，一应俱全，里面几乎聚集了当今最先进的科学技术。比如：室内的触摸板能够自动调节整个

图 4-12　未来屋

房间的光亮、背景音乐、室内温度等，就连地板和车道的温度也都是由计算机自动控制，此外房屋内部的所有家电都通过无线网络连接，同时配备了先进的声控及指纹技术，进门不用钥匙，留言不用纸笔，墙上有耳，随时待命。这真是名副其实的"未来之屋"（关于智能家居的详细介绍见于"智能生活"中的"智能家居"）。

而智能家居现如今也逐渐走进大家的视野。这两年随着 WiFi 的普及，无线智能家居逐渐取代了有线产品，在无线领域国内并不落后于国外，目前我国智能家居的产品与技术百花齐放，市场开始明显出现低、中、高不同产品档次的分水岭，行业进入快速成长期。智能家居作为一个新生产业，处于一个导入期与成长期的临界点，市场消费观念还未形成，但随着智能家居市

> **知识小助手**
>
> **智能家居——**
>
> 　　智能家居是以住宅为平台，利用综合布线技术、网络通信技术、安全防范技术、自动控制技术、音视频技术将家居生活有关的设施集成，构建高效的住宅设施与家庭日程事务的管理系统，提升家居安全性、便利性、舒适性、艺术性，并实现环保节能的居住环境。

场推广普及的进一步落实，培育起消费者的使用习惯，智能家居市场的消费潜力必然是巨大的，产业前景十分光明！

简单介绍了智能家居，接下来进入正题——智能照明。

智能照明的定义是指利用计算机、无线通讯数据传输、扩频电力载波通讯技术、计算机智能化信息处理及节能型电器控制等技术组成的分布式无线遥测、遥控、遥讯控制系统。具有灯光亮度的强弱调节、灯光软启动、定时控制、场景设置等功能，并达到预定的特点。通俗地说，也就是利用现代网络通讯技术，将照明线路中的各种设备连接到一起进行控制。

接下来说一下和智能照明比较相近的应用，智能灯光（如图 4-13 所示）。

智能灯光是通过遥控器方便地管理家中所有的智能开关、插座、窗帘，实现无线控制、场景控制以及定时控制，或通过电话远程控制器来电话远程语音控制固定电话、移动电话等，是一种能方便管理家庭的自动化设备，方便实用，

图 4-13　智能灯光

体现了科技与人文的最佳结合。

它实现对全宅灯光的智能管理,可以用遥控等多种智能控制方式实现对全宅灯光的遥控开关、调光、全开全关及"会客、影院"等多种一键式灯光场景效果的实现;并可用定时控制、电话远程控制、电脑控制及互联网远程控制等多种控制方式实现功能,从而达到智能照明的节能、环保、舒适、方便的功能。

最后重点介绍一下科技周关于智能照明的一个具体实例——基于物联网的节能型 LED 智能照明系统。

系统利用网络通讯、自动控制、物联网等技术方法,研究开发了一套基于物联网架构的节能型 LED 智能照明控制系统,实现了照明的单点控制、集中控制、运行监视、能效管理、生命周期管理等功能。大幅度节省了人力成本,延长灯具使用寿命,二次节能效益明显,并且增强了用户体验,实现了照明的智能化、个性化。

首先何为物联网?

物联网的定义是利用局部网络或互联网等通信技术把传感器、控制器、机器、人员和物等通过新的方式联在一起,形成人与物、物与物相联,实现信息化、远程管理控制和智能化的网络,如图 4-14 所示。物联网是互联网的延伸,它包括互联网及互联网上所有的资源,兼容互联网所有的应用,但物联网中所有的元素(所有的设备、资源及通信等)都是个性化和私有化。简单地用一句话来理解物联网就是把所有物品通过信息传感设备与互联网连接起来,进行信息交换,以实现智能化识别和管理(关于物联网的其他介绍详见"智能生活"中的"物联网")。

图 4-14　物联网

　　智能照明系统是基于物联网的控制系统,需要把无线控制、计算机还有网络通信技术融合在一起才能实现。所有的灯都可以独立地控制,我们可以调节任何一盏灯的亮度和色温。如果有一盏灯出现了故障,比如说灯坏了,系统会自动地告诉我们这个灯有问题了。除此之外,每盏灯的功率,运行一两年的运行规律,有没有其他异常的情况等,我们在服务器都可以查到。

　　节能型则是通过提供光效散热方式来达到节能的效果。我们主要从控制角度做这个事情。具体来讲,比如说一个会场照明的灯,从我们角度来讲没有必要每一盏灯的角度是一样的,最终追求的是照明整体的效果,包括光照射的对比度等。靠近窗户的灯可能稍微暗一点就可以,离窗户远一点没有自然光这个灯可能需要亮一点,基于物联网的照明控制系统就可以达到这样的效果,通过在 LED 节能的基础上做二次节能。

　　照明控制系统的优点大家都很清楚,即效率高、节能。那么 LED 究竟有什么优点呢？

LED 被称为第四代光源，具有节能、环保、安全、寿命长、低功耗、低热、高亮度、防水、微型、防震、易调光、光束集中、维护简便等特点，可以广泛应用于各种指示、显示、装饰、背光源、普通照明等领域。

现在详细地比较一下 LED 的优缺点以及传统照明的缺点。

LED 的优点：电光转化效率高（接近 60%）、绿色环保、寿命长（可达 10 万小时）、工作电压低（3V 左右）、反复开关无损寿命、体积小、发热少、亮度高、坚固耐用、易于调光、色彩多样、光束集中稳定、启动无延时。LED 的缺点：起始成

> **知识小助手**
>
> LED 一般指发光二极管。由含镓（Ga）、砷（As）、磷（P）、氮（N）等的化合物制成。
>
> 当电子与空穴复合时能辐射出可见光，因而可以用来制成发光二极管。在电路及仪器中作为指示灯，或者组成文字或数字显示。砷化镓二极管发红光，磷化镓二极管发绿光，碳化硅二极管发黄光，氮化镓二极管发蓝光。因化学性质又分有机发光二极管 OLED 和无机发光二极管 LED。

本高、显色性差、大功率 LED 效率低、恒流驱动（需专用驱动电路）。

相比之下，各种传统照明存在一定的缺陷。白炽灯：电光转化效率低（10% 左右）、寿命短（1000 小时左右）、发热温度高、颜色单一且色温低；荧光灯：电光转化效率不高（30% 左右）、危害环境（含汞等有害元素，约 3.5～5mg/只）、不可调亮度（低电压无法启辉发光）、紫外辐射、闪烁现象、启动较慢、稀土原料涨价（荧光粉占成本比重由 10% 上升到 60%～70%）、反复开关影响寿命，体积大；高压气体放电灯：耗电量大、使用不安全、寿命短、散热问题，多用于室外照明。

智能照明控制系统有三个部分，软件、硬件和中间的传输系统，如图 4-15 所示。硬件部分很大部分是控制电源，软件部分是做了很多功能的分析才得出的照明管理系统。而中间的传输系统采用有线和无线的方式。最底下可以看到一盏一盏的 LED 灯，这个灯通过中间的传输层传输到服务器上，然后由于这三部分，我们可以通过我联网的电脑、手机控制。即使在另外一个地方都

可以通过智能终端设备查询每一盏灯的运行情况,知道每一层的灯哪些是开的哪些是关的,这样的效果是不是很神奇?

图 4-15　智能照明系统

基于物联网的节能型智能照明系统符合当前国家提出的建设节约型社会现状,节能效果明显,具有良好的市场经济效益。实际应用后,年预计可节约用电 30%～50%,不仅有利于节约能源和社会管理成本,而且有助于缓解用电负荷,优化产业结构调整。

通过以上的例子,相信大家对于智能照明有了一定的了解,我们也可以看到对于当前来说智能照明前景广阔,是急需推广的一项技术。

第五单元　应急避险

新型逃生装备

近年来我国灾害事件频发。灾害问题的处理已成为当下任务之重，它不仅关系到广大人民群众的生命安全，还关系到社会的经济发展与和谐稳定，甚至还关系到公民对社会和政府的信赖问题。面对各种灾害，单单靠社会和政府处理还不够，还需要依靠目前最新的科技来将灾害的发生降到最低，此外，我们自身还要学会如何自救。

2015年发生的"8·12"天津滨海新区大爆炸震惊世界，如图5-1所示。

2015年8月12日23:30左右，天津滨海新区第五大街与跃进路交叉口的一处集装箱码头发生爆炸，发生爆炸的是集装箱内的易燃易爆物品。现场火光冲天，在强烈爆炸声后，高数十米的灰白色蘑菇云瞬间腾起。随后爆炸点上空被火光染红，现场附近火焰四溅。第一次爆炸发生在2015年8月12日23时34分6秒，近震震级ML约2.3级，相当于3吨TNT；第二次爆炸发生在30秒钟后，近震震级ML约2.9级，相当于21吨TNT。

图5-1 天津滨海爆炸

此次爆炸造成了巨大的人员伤亡与经济财产损失。我们在感叹震惊的同时是否该反思一下，面对灾害事件我们能做些什么？

在灾害面前，我们应该冷静理性正确地面对，先自救再救人。如果灾害发生的时候，我们惊慌失措、大呼小叫，不但对自救毫无益处，而且还会制造恐怖、影响他人，甚至还会把自己或他人推向死亡的边缘，这不是我们所希望的。

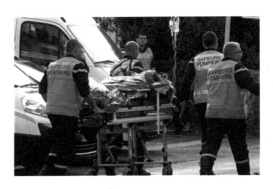

图 5-2　车祸救援

所以灾难临头，我们应该冷静面对。下面简要介绍在车祸、火灾面前，我们应该如何冷静、理性、正确地面对。

在城市里，车祸堪称意外伤害死亡的首要原因，见图 5-2。车祸会造成气体冲击引起的烧伤、四肢外伤、脊柱外伤等。一般来说，遇到身上衣服起火后，伤者应尽快脱掉衣服就地打滚，切忌迎风奔跑，周围人群则应将厚重的毯子等物品覆盖至伤者身上，隔绝空气让火势得以停止。如有条件，伤者烧伤部位应尽快用冷水处理，一般冷水处理 20 分钟后，烧伤症状会有所控制。要特别提醒一下，救护四肢发生外伤的伤者时，止血过程中一定要记得定时"松绑"。从医学角度来讲，肢体缺血时间过久，也会导致肢体坏死失去功能。因此，在为伤者包扎上肢时，每隔半小时要定时放松一下，让血脉流通；包扎下肢时，要每隔一小时放松一下，如此才能真正呵护受伤的四肢，避免因救治不当引发后患。

发生火灾时，威胁人们生命安全的不仅仅是熊熊大火，更直接来自那滚滚烟雾、大量的一氧化碳或有毒气体。避火的方法不当，就有可能受到上述任何一种因素的危害。

（1）正确判断火情，避免烟雾扩散和火势蔓延。居室失火，人们往往最先闻到烟味。这时要沉着冷静，查看屋内是否着火。如果火情来自室外或楼道，切忌急着把门拉开。先用手摸一下门的上端，如果已经发热发烫，

> **知识小助手**
>
> 　　火灾，是指在时间或空间上失去控制的燃烧所造成的灾害。在各种灾害中，火灾是最经常、最普遍地威胁公众安全和社会发展的主要灾害之一。人类能够对火进行利用和控制，是文明进步的一个重要标志。火，给人类带来文明进步、光明和温暖。但是，失去控制的火，就会给人类造成灾难。所以说人类使用火的历史与同火灾作斗争的历史是相伴相生的，人们在用火的同时，不断总结火灾发生的规律，尽可能地减少火灾及其对人类造成的危害。

就不能开门了。这时应选择从窗口或阳台,系上绳索逃生。楼层高或没有避难用具的,可用湿被等堵住房门,再到窗口呼救,等待救援。记住,如果窗子或阳台也有烟雾或热浪袭来,则应当把这些地方也紧紧关住。试门的时候如果不是很热,可以用湿毛巾捂住嘴,小心地打开一条门缝观察,如果感觉热气逼人,就马上把门关上。

（2）如果室内或现场已有烟雾,要用湿毛巾掩着口鼻,并趴在地上或尽量蹲低,从没有着火的楼梯、通道或太平门撤离,如图 5-3 所示。从窗口或阳台逃生时,不能盲目往下跳。楼层不高,可使用绳索、梯子往下滑,没有绳子可用床单剪开制成,身处二楼,可往地上扔几床棉被,再慢慢跳到棉被上。住高楼者,千万不能往楼下跳。

图 5-3　火灾逃生

（3）从火场逃离,除了掩住口鼻,身上衣服也应当淋湿,或是披上一条淋湿的被子。假如身上衣服着了火,应尽快脱掉它,来不及脱掉,可就地打滚,或是跳入附近的水沟、河渠中（身体严重烧伤时不能跳水或用水浇,以免造成大面积细菌感染）。或是让人用水、衣物等扑灭。逃生时,一定要穿上鞋,以免脚板被玻璃、钉子等物割伤、扎伤而不能走动。

（4）从火场逃离后,就不要再进入发生火灾的现场。

（5）到商场、酒店等公共场所时应注意观察消防通道和逃生标示牌。

接下来,再为大家介绍一下灾难中的心理自救。

灾害总是突如其来,掌握一定的应对意外灾害的基本知识和技巧,无疑是我们最应该去做的事。据调查,意外事件对人造成的伤害性死亡,大致有以下几种情况,伤害导致即刻死亡者不到1/3,这些人来不及醒来,却已遭受致命的打击;但更多的人只是处在伤势危及生命的状态,而无自救或他救条件而最终遭致死亡;或者是尚未遭受伤害,只是未能及时采取逃离行为,由于再次遭受严重伤害而致伤亡。因此,人在遭遇突发事件时,若能保持良好的心理状态,及时采取自救行为或逃离现场,常能获救,或避免死亡,临场该如何去做呢?

一是保持理智和清醒。人在遭遇突发事件时,不同的人心理反应是不一样的。心理素质较好者,也会感到紧张害怕,并伴有一系列心理变化,如血压升高、心跳增速、血糖增加,但大脑警醒、肌肉有力、反应敏捷、行动有力;心理素质不好者,如平时胆小怕事者,见灾难临头会目瞪口呆,不知所措,手脚笨拙、木讷,不知赶快逃离,结果遭致危险,如图 5-4 所示。人对突发事件的反应方式,既与个性特征有关,也与训练有关,平素加强对突发事件的应付能力的训练,特别是对心理素质较差的个体进行这种训练,是非常有益的。但至今为止,人们对此方面的训练还重视不够。

图 5-4　灾害心理自救

二是正确判断,果断决策。事故发生后可先进行几秒钟的思考,对危险的来源、性质和正确应对方式迅速做出正确判断。例如在火场,若毫无目的地随人群乱跑,往往可能会是死路一条,正确方法应是匍匐前进,找准方位。实践证明,火灾死亡中,窒息死亡远远超过烧伤死亡。因此,匍匐前进,从地面得到氧气供应,则有希望争取生命的时间逃离现场。在地震或火灾发生时,切忌乱跑乱跳,以免造成伤亡。

三是坚持忍痛自救。汽车相撞、飞机失事,乘客可能已受伤,身上在流血,此时一面要迅速止住出血,一面则要忍痛从汽车或飞机里爬出来,争分夺秒,跑离现场 100 米至 200 米以外。总之,要活命就要忍受眼下最大的痛苦,自救行为要一直进行到获救为止。

四是随时保持强烈的求生欲望。心理上的高度生存期望,常能使人忍受巨大的伤痛和极其困难的处境,使人奇迹般地存活下来。要坚信自己能自救或获救,动员全身的巨大储备能力,有效应付当前的困难,等待生命的转机。

有了以上的介绍，相信大家面对常见的灾害，能够知道自己能做些什么以及如何进行心理自救。

随着科技的进步，新型逃生装备进入了大众的视野，我们在了解自救小常识之后还需要简要地了解这些新型装备。最后我们举出两个科技周的新型逃生装备的例子，高楼逃生缓降装置与隔绝式防毒防烟自生氧呼吸器。

高层逃生缓降装置

当前，随着城市建设步伐的加快，城市用地日趋紧张，迫使人类向高空发展，高层楼房越来越多，但是随着人们居住高层的比例越来越大，一旦发生不可预测的紧急情况，诸如火灾、地震之类，传统的消防人员救护装置如云梯、气垫等逃生装置无法使高层住宅、办公楼房的人们迅速、安全地撤离。因此一种能够操作简单、高效平稳的救生装备——缓降装置应运而生。

目前国内、国际市场上已有的缓降装置普遍存在与建筑物连接不简便或不牢固的问题，因此为了确保缓降装置快速地安装使用，需要结构简单合理的与建筑物连接的设施，同时，缓降装置应该实现灾难发生时，一套缓降装置可以实现多个人员的自救。

缓降装置（如图 5-5 所示）主要由活塞缓降机构、救生舱、救生平台、钢丝绳、钢丝绳平衡器、支撑结构底架、收放空舱机构、平台移动机构和刹车减速机构组成。该新技术产品理念先进、技术成熟、科学原理简明易懂。该新技术产品的理念对于我国城镇高楼减灾避险理念与产业间的交叉革新具有前瞻性、现实性与实用性的意义。产品产业链短，无环

图 5-5　高层逃生缓降装置

境污染，项目可操作性强，社会效益与经济效益好。可广泛用于建筑高层的应急逃生，具有广泛的应用前景。

隔绝式防毒防烟自生氧呼吸器

近年来发生了许多化学危险品爆炸导致的灾害事件,当这些灾难来临之后我们不能坐以待毙等待救援,应该寻找自我逃生的方法,比如带上自救呼吸器。当前市场主流产品为过滤式消防自救呼吸器,是一种与外界环境连通的开放式结构,利用处理过的活性碳、催化剂等药剂,通过过滤、吸收、吸附、催化等作用去除掉空气中的一氧化碳、烟雾等有毒有

> **知识小助手**
>
> 呼吸器又称贮气式防毒面具,有时也称为消防面具。产品具有重量轻、体积小、使用维护方便、佩带舒适、性能稳定等优点,是从事抢险救灾、灭火作业理想的个人呼吸保护装置。

害气体。当吸附、催化饱和失效时,外界毒气会被人体直接吸入,或者当周围大气环境中氧气浓度低于 17% 时,人将发生缺氧窒息。为此国家标准和产品使用说明中,严格规定了该类过滤式呼吸器的使用的条件,必须是周围大气环境中氧气浓度不得低于 17%,而且对于超过该呼吸器吸附过滤范围和能力的毒气时,该类呼吸器也有局限性。由于当前建筑材料的多样性及产品质量鱼龙混杂,一旦建筑物发生火灾,将会产生大量一氧化碳、二氧化碳、硫化氢、氰化氢、二氧化硫及烟尘等有毒有害气体。而当前过滤式消防自救呼吸器仅仅是针对于 0.25% 浓度的一氧化碳进行过滤,超出及小于这个浓度或者其他有毒有害气体则无法保护使用者的人身安全。

隔绝式防毒防烟自生呼吸器(如图 5-6 所示)是一款全隔绝式、自循环、自生氧、防毒防烟消防自救呼吸器。该新型呼吸器采用先进的化学自生氧技术,以人体呼出的 CO_2、水汽为原料,和呼吸器内的生氧剂发生化学反应,产生氧气供人体呼吸。使用过程中人体全隔绝外界有毒有害环境,与外界毒气隔离,形成闭路自循环,保证呼吸安全,防止人体在灾难环境中吸入有害气体中毒或缺氧窒息死亡。新型呼吸器能有效克服过滤式呼吸器的不足。该呼吸器具有如下优势:防护范围广、安全性能高——无论处于何种危险气体环境下,都能得到有效保护;防护时间长——跑步逃生防护时间 30 分钟,静坐待援防护时间大于 70 分钟;使用简便舒适、安全可靠——通过国家消防产品合格检测认

证,确保呼吸安全,而且使用方法简便。

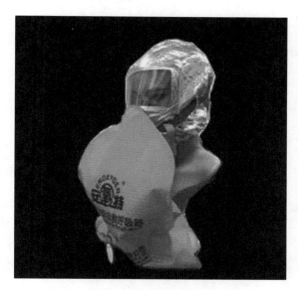

图 5-6　隔绝式防毒防烟自生呼吸器

面对灾害,生命显得很脆弱。我们不能阻止灾难的发生,但我们应该对灾害造成的损失能够有更多的防范。让我们从现在开始,学习自救知识,了解新型逃生装备!